城市更新解析

张泉◎著

中国建筑工业出版社

图书在版编目（CIP）数据

城市更新解析 / 张泉著 . -- 北京：中国建筑工业
出版社，2025.4.（2025.7 重印）-- ISBN 978-7-112-31032-6

Ⅰ . TU984

中国国家版本馆 CIP 数据核字第 2025BD1228 号

责任编辑：黄　翙
责任校对：赵　菲

城市更新解析

张泉◎著

*

中国建筑工业出版社出版、发行（北京海淀三里河路 9 号）

各地新华书店、建筑书店经销

北京雅盈中佳图文设计公司制版

建工社（河北）印刷有限公司印刷

*

开本：787 毫米 × 1092 毫米　1/16　印张：17　字数：206 千字

2025 年 4 月第一版　2025 年 7 月第二次印刷

定价：**78.00** 元

ISBN 978-7-112-31032-6

（44680）

　　作为一种自然存在的现象，城市更新无时休止、无处不在。

　　经济发展需求、社会文明进步，生活水平提升、文化习俗演变，物质设施老化、产权权属变更，科学技术进步以及不时发生的自然、人为灾害，城市始终处在各种各样的变化中。为了在适应和利用变化中发展进步，城市就需要目的明确、规则有序、持续不断地更新。

　　中国的城市总体上已经在向现代化迈进，"城市更新"当前已经成为城市发展的一种常态。国家明确提出，"积极适应和引领经济发展新常态，把城市规划好、建设好、管理好，对促进以人为核心的新型城镇化发展，建设美丽中国，实现'两个一百年'奋斗目标和中华民族伟大复兴的中国梦具有重要现实意义和深远历史意义"①。

　　处于发展新常态中，城市更新首先是发展问题，也是经济效益、社会公平、环境宜居问题；作为一种人类行为、一项工作行动，或是一种建设方式、一条发展路径，城市更新可以有不同的定义理解和丰富的内涵区别。

---

　　① 《中共中央 国务院关于进一步加强城市规划建设管理工作的若干意见》，2016 年。

在经济社会和城市发展的转型时代，"城市更新"作为规划、建设、管理好城市的新的重要渠道和手段，需要通过广泛的社会实践，摸索经验、完善方法、建立制度；也需要进行系统的理论探索，认清本质、整体谋划、指导实践，形成理论与实践的良性循环、相互促进。

城市更新需要织补方法、绣花功夫，而织补、绣花首先需要分丝析缕。本书从工作思考角度，持寻微求著之心，修城市规划之笔，写不烦琐碎之文，探城市更新之行。

全书分为五个部分：第一章，城市更新内涵；第二章，城市更新机制；第三章，城市更新意图；第四章，城市更新选择；第五章，城市更新要点。

目　录
CONTENTS

第四章　城市更新选择

第五章 城市更新要点

第一章　城市更新内涵

认识城市更新，首先应当认识城市，弄清城市的内涵与一般运行规则，以期对于城市更新获得比较全面、相对深入的理解。

一、城市内涵与运行分析

城市是一个客观存在，但怎么认识和看待这个城市，则随着领域、角度乃至个体的不同而各有"我"的感受和理解。从城市更新角度，对城市的内涵和运行规则可以理解如下。

1.城市内涵本质

任何城市都由物质和非物质组成，而物质和非物质是不相孤立的。例如，老子说"有之以为利，无之以为用"，释迦牟尼认为"色不异空、空不异色，色即是空、空即是色"，还有爱因斯坦的质能方程式"$E=mc^2$"，当然这些是从哲学和自然科学角度的更深刻的道理。对城市更新的理解和操作中可以侧重，通常也需要合理侧重于一定的角度和现象。

1）三个一般理解角度

基于一般生活体验对城市的理解，可以归纳为器、用、神。

（1）器：视觉角度

通常说"眼见为实"，视觉是最普遍的、最直接的角度，也是相对表层的角度；关注形象风貌要素，主要对形象作出反应，包括各种实体、空间及其器质——质量和品质。

从唯物主义理解，实体是万物的本原，是一切非物质属性的基础。建筑和城市首先都基于物质的实体、空间，其质量和品质则往往通过感知性的非物质形象风貌产生最直接、最广泛的影响，因此从视觉角度主要是感受和理解城市的器质。

（2）用：使用、利用角度

正如"凿户牖以为室，当其无，有室之用"[①]的道理，物质的意义和价值重在其具有的非物质性的功能——作用、性质，以及效能——效果、规模。

任何建筑和城市空间的效能、效果，都需要通过具体使用、运行才能得到证明和实现，因此"用"的角度是理解、检验建筑和城市效用的首要角度、本质角度。当然，观赏物体和物体的观赏性本身，也是使用、效用的程度不等的某种组成部分。

（3）神：关系角度

无论物质还是非物质，对应于一个任意整体或主体，都存在连通和影响两种基本关系。其中，连通指内部关系，内部各部分之间的影响反映了连通的质量；影响指外部关系，外部的连通形式体现了影响的途径，连通规模反映了影响的大小。

城市不是各种要素的简单聚集，其本质在于各种相关要素的连通，以及要素之间的相互影响。其中，连通主要属于系统关系，是系统内部各部分之间的相关或相对作用，例如设施系统、景观系统等；影响主要属于网络关系，包括系统内部的某些影响和系统之间的影响，例如城市中心系统的空间布局结构和等级层

---

① 老子，《道德经》第十一章。

次影响，交通系统和用地功能系统之间的交通方式和流量大小影响等。

关系不是实体却在实体之间真实存在，状态难以直接感知而通过"用"得到体现，反映了城市的健康活力程度与文化精神特质，不取决于城市的形象而是城市的灵魂，所以称之为"神"。

"用"是"器"的检测、"神"的依托，城市更新以器质为基础、以效用为目标、以精神为追求，更新的策划、规划、建设、管理等不同环节各有责任和侧重，而最终都需要通过城市的运行效果检验，适用方便、经济社会环境效益良好是城市更新的神之所在。

2）四类一般更新现象

城市的更新原因有自然、人为，被动、主动等，具体现象有如树木花草不可胜数，简略归类一般可分为物体形貌变化、空间环境改观、使用功能调整、用途类型转换四大类，各类之间也经常相关或兼备。

（1）物体形貌变化

最普遍的是自然现象引起的品质变化，一切建（构）筑物自产生起就必然随着时间的流逝而自然老化，并通常由此引发更新的需求乃至必要。

城市更新的物体形貌变化则专指人的行为效果。例如巴黎的埃菲尔铁塔，自 1889 年竣工以来，因钢材、电梯、无线电通信、电视、灯光、发电设施等新材料、新设备、新技术不断应用，迄今 130 多年中已更新改造近 20 次，高度增加近 20 米。特别是对钢结构的更新中因使用新型钢材减少了用钢量，使塔体更加挺拔通透，更具时代风貌特色。

（2）空间环境改观

自然产生和人为进行的原有建（构）筑物本体的形貌变化都会引起这种改变；不时进行的新建，尤其集中开发的新片区，除了出现新的本体，也使周边和相关环境出现显著变化，同时必然程度不等地影响和改变建（构）筑物、旧区、老城的自身环境，特别是新老环境在功能、品质、文化等方面的对比度等，必定会给原有环境带来无可回避的各种积极或消极影响。

例如苏州周边新区、巴黎德芳斯新区，高楼大厦的体量、机动交通等系统、现代服务等设施，乃至最新的工程建设技术、信息智能要求等，都使古城的周边环境与原生环境不可同日而语，古城面临着原生、现势和周边三种环境的协调。即使如北京明清故宫那样独特、严格保护的最高等级建筑文物区域，也只能在核心保护范围内保留历史空间关系，在建设控制地带中保护原有环境氛围，在空间格局中保持城市中轴线地位，而中轴线自身也是在七百多年中随着城市的发展而不断延伸、演变的。

这样的空间环境改观，本质上是经济社会发展和科学技术进步的需要，是城市活力的反映，体现着人类文明的轨迹，在城市演进中需要正确引导但不可阻挡的发展过程和趋势。

（3）使用功能调整

包括功能的等级、规模、作用等调整，从对象影响特点角度可以分为建筑物的功能调整和中心功能调整两类。具体建筑物的功能调整势必影响到城市或片区、地段，而中心的功能调整也是通过单体、个别的调整变化而实现的。城市中较多发生的更新行为是具体建筑物的功能调整，但从城市主体角度，主要关注的是各类、各级中心的功能调整。

具体建筑物的功能多已融入了城市相关网络，对其功能调整需要从城市视角给予关注；各种中心的功能也是随着市场需求变化而多年形成的产物，城市更新中对其进行功能调整，不但要有的放矢，同时还要考虑调整的结构性、网络性影响。

（4）用途类型转换

用途类型转换也是一种功能调整，但相对于上述以量或质为主的功能调整，其专指功能类型的改变，典型的例如退二进三、居改商、工改居等，历史文化保护利用也常需要进行用途类型转换。

用途类型转换可以分为使用、建筑和用地三类，调整内容渐次增多，影响渐次加大。其中对建筑，尤其是土地的用途类型调整，往往可能衍生出较多、较大的影响，例如产权权益的变更、产权主体的变换、相关环境的变化，随之产生交通方式及流量、市政服务及强度等变化，乃至城市空间结构也有可能随之改变。

3）城市是复杂巨系统

城市就是生命体，随着人口资源环境及经济、社会、科技发展水平等各种主客观条件不断变化，并遵循一定规则无限演变。

有学者提出，复杂要素系统有以下十个特征[①]：

①由大量要素构成；

②这些要素随时间的变化而相互作用；

③相互作用的程度非常丰富；

④相互作用是非线性的；

⑤相互作用常常发生在相对小的短程范围；

⑥相互作用之间形成回路（loop）；

① 孙跃. 复杂性研究对社会学的启示及其拓展 [J]. 国外社会科学前沿，2024（4）.

⑦开放系统；

⑧远离平衡态；

⑨系统具有历史性；

⑩每一要素对整体的系统行为是无知的，仅对局部信息作出回应。

以上特征被进一步分为两大类，即系统整体的特征（第1、7、8、9项）与系统组成部分的特征（第2、3、4、5、6、10项）。

上述特征基本上完全明确切合城市的特性。可以把特征中的"要素"一词直接具体表述为"功能"或"建筑"，系统整体的特征就是城市的整体特征，系统组成部分的特征就是城市要素——功能或建筑等之间的相互作用。而因为城市巨大的体量，相互作用的范围就不仅有短程的，还常以片区乃至城市为作用范围，一些特殊的中心往往具有更大区域甚至世界性的影响。城市不折不扣地属于复杂巨系统。

因为城市复杂巨系统的构成特点，尽管城市更新行为是主动的、主观性的，但这些主动、主观都依托于相应、相关的客观因素；因为城市复杂巨系统的相互作用特点，尽管具体更新对象多是独立的或者局部的，但其作用、影响都是相关的、系统的，有时可能还是全局的、网络的。

4）城市最重要的组成要素是"人"

城市是当代人的家园，人是城市存在的前提和基石，是城市提供的一切服务的本质对象，也是城市发展的核心要素。人口提供经济增长动力，是城市经济活动的基础；人才，尤其是各种高层次的科学、技术和技能方面的人才，是推动城市创新发展的核心力量；城市功能结构布局中，由不同人群聚集形成的多样化社区提供了相互支持的城市运行网络；人口的规模和年龄、教育、技能等结构以及跨地域流动性特点，是衡量城市吸引力和竞争力的基本内容；人口规模与资源、环境承载力相匹配，人口结构与资源、环境品质相协调，是实现可持续发展的关键。

以历史文化遗存闻名的意大利威尼斯古城，自452年开始兴建并逐步发展扩大；依托建筑类、宗教类等物质和非物质的优质遗存资源，依靠严格、强力、有效、持续的保护，同时也得益于孤悬海上并由118个小岛组成的特殊地貌，使其成为可能是文艺复兴以后对建筑、交通等物质更新最少的欧洲城市。但近数十年来威尼斯人口持续减少，1951年常住人口17.4万人，1996年已降至7万人。该市人口统计官员表示，照此趋势发展下去，从2030年开始威尼斯将不再有本地出生的常住人口[①]。可以看到，即使是威尼斯这样以严格的原真性保护为首要目标的历史名城也高度关注人口问题。

城市的内涵可以简约概括为：一个以当代人为核心的复杂巨系统。城市复杂巨系统的本质就是生命体，其健康、持续的发展演进，需要从城市规划建设和建造材料、设备等工程科学技术角度，也需要从人的生理机能等生命科学角度，更需要从人的发展意愿和道德文化角度，对各类相关要素进行综合考虑、统筹安排，持续维护、不断完善城市网络的通畅、系统的健康和高效，保持和维护文明发展、公正公平的城市经济社会及其空间载体关系。

2. 城市运行内涵

第一代现代建筑大师，也是高层住宅和城市立体交通的首

---

① 百度百科威尼斯（意大利城市）词条。

倡者的勒·柯布西耶曾有名言：房屋是居住的机器。有人从字面表象认为房屋概念的机器化是现代建筑风格单调、趋同的始作俑者，其实这句话是在工业化发展到 20 世纪前期时，柯布西耶针对西方古典建筑的传统固定模式和过分形式主义（功能服从形式这个问题至今仍然在一些城市更新案例中存在）已经不能适应当时经济社会发展和技术进步的建筑设计病态理念所开出的有效药方。其中，"居住"代表了人性化的功能需要，"机器"体现了具有清晰逻辑的理性追求。当然无论什么药都有合理剂量，因此问题在人不在药。

这种关于建筑设计语言的基本逻辑也可以适用于城市规则的基本逻辑：理性和人性，即科学技术和运行规则的理性化、文化道德和功能效果的人性化。

一如认识城市的多角度，对于城市运行也可从各种不同角度理解，例如城市的整体运行、局部运行，或特定的城市某个领域、专业系统，如市容管理、生产企业、更新项目等的运行。下面从城市规划建设管理和城市更新工作的角度，探讨城市的运行内涵。

1）内涵分期与基本特点

从广义的运行角度，可以把城市运行管理的内涵依运行程序分为三个基本阶段：前期，城市规划；中期，城市建设；后期，城市运行（运营）。

三个阶段不同的主要作用和特点如下：

前期，城市规划是城市运行的龙头。城市规划是在确定的规划期限中对城市发展的方向把握、综合策划和一种决策，其中的一些具体内容需要随着城市经济社会发展和相关的动态变化而持续调整改进、适时更新完善。

中期，城市建设是城市运行的基础。城市建设是一种特殊经济工作，建设的工程规则必须遵守，经济规律需要依循；建设的阶段性、周期性十分明显，公益性、公平性动态兼顾，人文性、景观性持续追求。

后期，城市运行是规划建设的目的。城市运行正常、日常服务于城市和市民，是城市经济社会发展的主要目的、规划建设效果的检验标准；相对于健康、活力的运行，规划和建设都只是为了实现理想运行效果的手段。

因此，城市规划和城市建设都应当以城市运行的需要为服务目标；对于城市规划和城市建设成效的评价，应以其对于城市运行是否起到了应有的整体支持作用为最终标准。进入城镇化平稳发展阶段，城市更新成为城市规划建设的重要内容和方式，理所当然也是服务城市运行的重要手段和支持要素，也应当以运行（运营）效果作为城市更新的最终检验标准。

问题依据客观情况，目标结合主观意愿。在城市的更新与规划、建设、运行的关系中，从问题导向角度来看，城市更新的客观需求产生于城市运行，筹划于城市规划，解决于城市建设，实现于城市运行；从目标导向角度来看，城市更新的主观意愿源自城市运行，筹划于城市规划，解决于城市建设，验证于城市运行。城市运行是城市更新的出发点、方向标和目的地，城市更新是城市运行的加油站、桥梁和催化剂。

2）更新主体类型与基础作用

可以把城市更新主体分为两类：对象主体、行为主体。

（1）更新对象主体

可分为两种：独立主体、系统主体。

独立主体主要是各类建（构）筑物，更新目的通常包括综合解决物体老化、景观陈旧、功能欠缺、水平落后等物质性和非物质性问题。独立主体一般都有明确的产权，其中绝大部分是个人产权或集体产权；公共产权一般虽然主体数量不多但面积占比不小，城市的关键性建（构）筑物基本都属于公共产权。

系统主体主要包括交通、市政公用设施和公益设施；教育、医卫、文化、体育等非营利性公共建（构）筑物，虽然形体和自身功能都是独立的，但都是城市中某个服务功能系统的有机组成部分。系统主体基本都属于城市生命线和公共产权；按照当前政策，在教育、医疗系统中也开始有少量属于非公共产权的营利性或非营利性公共建（构）筑物。系统更新的目的多为解决环境失调（如生态系统）、运行失衡（如交通、市政系统）、公平失当（社会系统）和功能不足、水平滞后（生产、生活领域的相关专业系统、专门系统）等问题。

按照《中华人民共和国城市房地产管理法》相关规定精神，产权所有者需要确保物权载体的安全性和正常使用状态。因此，**及时对建（构）筑物更新是其产权所有者或管理者（公共产权）的法定责任**[①]，承担的具体责任分配因各地的物业管理条例等规定内容而有所差异。

根据《中华人民共和国民法典》第二百四十条规定精神，所有权人有权在法律规定的范围内按照自己的意愿改造不动产或者动产；《中华人民共和国城市房地产管理法》中也有相应的表述。因此，因种种需求或不满而自发的、**在法律规定的范围内对建（构）筑物进行改善、提升、发展等各种目的不同的更新，是产权人的合法权益**。

---

① 字体加粗表示强调，后同。

根据两类对象主体的产权归属特点，独立主体的更新基本属于产权人的责任和权利，但通常需要从公共环境、城市系统角度考量，按照规范进行调控，根据政策给予辅助；系统主体的更新一般是政府的责任和义务，可有相关业主参与、承担。

（2）更新行为主体

城市运行是由全体市民参与完成的，参与的角色、作用各有不同。按照行为作用特点，可把更新参与主体分为业主、行业、政府三种基本类型，也可以分别用"点、线、面"来形象表述。

业主——点，包括个人和各类集体，从事专项更新工作。具有明确的独立性，自身目的的形态特点主要是点状的，关注具体行为的效果和效益，必定追求自身的效果良好和效益最大化，通常不主动考虑具体更新行为的其他作用，不专门介意该行为的相关或负面影响，必须通过相应的法律法规和技术规范进行约束。

行业——线，包括城市设施管理部门和生产性集团，分别从事各种专业、专门领域的更新工作。一般都有内涵具体、范围明确的系统性，自身目的的形态特点主要是线状的，侧重纵向的内部关系，不但关注具体更新行为的效果和效益，还必须考量具体行为对本行业、专业系统的作用和影响，例如市政工程中的本系统协调、匹配关系，公共服务中的本系统效率、公平关系，市场消费中的系统效益、竞争关系等。

政府——面，是城市运行的管理中枢，必然需要从城市全局对具体更新行为进行综合考量和决策，自身目的的形态特点应该是网络、面状的，具体决策一般应重点考虑更新点的各种外部横向关系，尤其是正面、负面影响，例如城市更新中的改善环境与经济发展、打造景观与低碳绿色、保障底线与保障能力、更新品质与发展成本等，其更新工作要求的一般特点可以简括为"既要""又要""还要"……

不同类型主体都有各自的功能优势和作用局限，各有相适应的运行事项、要求特点、专业能力和空间范围，应当针对运行的具体需求灵活配置组合，以扬长避短形成最佳合力。

3. 城市运行一般关系

作为复杂系统综合体，城市的运行行为必然非常丰富、复杂，并有着显性和隐性、共性和特性，以及难以穷尽的相关关系。从普遍共性的角度，一般应关注以下四个基本关系。

1）物非关系（物质与非物质的关系）

相对于具体、有形的物质，有些无形的东西被称为非物质，城市的非物质例如功能、文化等，物体自身的品质、形貌、尺寸等也属于非物质。非物质和物质融为一体，物质的变化必然引起非物质的相应变化，城市空间就是这样一种特殊的非物质。

对于物体，物非关系主要是内涵关系。一般情况下，物质要素是显性、基础性的，通常不易被忽视；非物质要素是隐性、衍生性的。在对具体物质进行更新时，除了重视本体质量、物象品貌等，还应当关注功能适用、文化特征等其他物非关系。

人与城市的关系属于独特的物非关系，是城市中最本质、最重要的物非关系，也是衡量其他所有城市关系的基础。一切生命都离不开物质，生命与物质相结合，就构成生命体。城市的物质性本体只是物体，有人正常生活居住的城市才是生命体，只有旅游旺季才有人生活居住的只是一种特殊的，甚至是病态的城市。城市的运行就是人与城市本体关系的运动。城市更新，本质上就是人与城市本体关系的更新，包括物质和非物质的更新，也应包括人员构成和文明素质的更新。

2）互动关系

城市不是各式物品的堆场或随意的聚集，而是包含物质要素与非物质要素有机组织和有序组织的一种生命体，其中的各种，甚至各个要素都有可能因为某些因素而与其他要素之间影响相关、系统相连、网络相交、反馈互动。

城市复杂巨系统最基本的系统特征就是相互作用，而且作用非常丰富。非线性的相互作用意味着城市各种要素及其之间的关系变化、变量不是恒定的。相互作用形成回路的特点表明，城市相关要素之间可以相互支持、形成良性循环，例如功能配套合理、规模集聚适度；也可能相互干扰，产生无序竞争，例如日照和通风违规、作用范围供大于求等。

对于城市规划建设行业主要关注的空间关系，环境是空间的基础，经济是空间的效率，社会是空间的灵魂；经济、社会、环境统筹协调，形成活力、健康、美丽的城市空间。其中任何物质或非物质的更新，都会与相关空间要素之间产生相互作用；无论以何种要素为主导目标，都应当同时考量其他空间要素的相应变化，以充分发挥更新的积极因素，努力降低和避免不利影响。

3）动静关系

动静关系在城市更新中主要体现为文化观念，例如消费文化、更新必要性评估、保护与发展的关系等，也包括观念的主体——人、居民的成分结构和自身素质等变化。

物质经久必衰、功能革故鼎新、文化历久弥新，持续演变、恒常不止，不新则旧、不进则退是发展的常态。既有"生命在于运动"的客观规律，生命的产生、存在和发展都离不开广义的运动；也有"一动不如一静"的古代成语，没有把握，或者事倍功半、劳而无益的事情还是不做为好。

城市生命体的整体动静关系，以现状为静、更新为动。人的主动更新行为由自然更新（物质的衰退）、发展更新以及这两种更新综合、相互作用的状态而引起；更新中什么宜动、什么宜静，哪些须动、哪些要保，涉及经济社会的健康、协调发展，是十分重要的动静关系，需要认真研究、把握好度。应当统筹遵循相关自然科学规则和经济社会发展规律，静遵科学规则、动循发展规律，动静相宜地保障城市持续健康演进。

4）动态关系

城市的发展和更新是永无休止的动态过程，宜关注过程中的日常动态、偶发动态、阶段动态、持续动态等方面的基本特点。

日常动态，是城市发展过程的常态，重在正确遵循日常运行应用的规则和标准，并应留意惯性影响、关注创新。

偶发动态，例如问题的产生、挑战的出现、机遇的理解，重在及时认识和适时处理、灵活把握和正确利用。

阶段动态，必有本阶段的重点和特点，尤应重视在阶段的变化过程中，相关要素和关系的及时升级转型。

持续动态，城市的持续发展不太可能是一马平川的理想坦途，而通常是完美与不完美的交替循环，通过持续不断的更新，构成城市生命体的永恒。

4. 城市运行一般规则

由于城市价值的多角度，评价、评判城市运行的标准也同样丰富、复杂。从规划建设管理角度，城市的运行要符合城市健康规则和遵守时代道德规则。

1）城市健康规则

可以用五个字简略概括：通、协、活、谐、美。城市的现状运行和更新运行，都可以用这五个字来衡量运行效果。

通，衡量系统的相关状态。例如城市道路系统连通、市政基础设施系统贯通，"通则不痛"也是城市健康的基础性要求。

协，衡量网络的整体关系。相关内容、系统之间的相互协调和支撑，构成健全的各种城市网络，形成整体均衡的合力。

活，衡量功能的发展动态。城市功能必须适应当代需求，社会风气积极进取，才能具有经济社会活力，使城市能够持续发展。

谐，衡量社会的和谐状态。包括城市社会结构方面的系统良好、整体均衡，社会安定、关系融洽。

美，衡量空间的形象风貌。城市的物质形象、环境风貌等品雅质佳，一般重在城市的各种公共性空间和标志性物体的体现；同时也应当包括非物质性的精神文明之美。

2）时代道德规则

可以简单归纳为五道：人道、大道、正道、新道、常道。城市的规划、建设、更新、管理都可以用"五道"进行纲领性总体评价，城市运行的相关从业者更应当自觉遵守。

生态人道，天人合一。顺应自然、保障生态，与自然和谐相处；中国人自古以来就懂得天人合一的道理，兼顾天理与人情。

公平大道，天下为公。坚持以人民为中心，增进人民福祉，保障人民在城市规划建设更新和管理成果等方面的享有和参与的平等权利，维护社会公平正义。

和美正道，独行快、众行远。继承和弘扬中国"和"文化的优良传统，形成健康、幸福、乐美的城市空间环境，鼓励相识相知、相互扶持的和谐社会人文关系。

低碳新道，"双碳"智慧。"绿色"已被列入国家建设方针，包括低碳、智慧等新发展理念，国家也提出了碳达峰、碳中和的目标。

发展常道，有机更新。建设、保护和更新都只是追求发展的手段，应以是否和如何有利于经济社会发展为根本目的，正确地选择、组合运用，保障城市的整体协调、可持续发展。

如果说，城市总是存在着各种不足，那么城市更新就是要着重在"五道"方面进行改进、完善，不断提高发展质量和水平。

二、城市更新内涵分解

因为城市复杂巨系统的基本属性，理解"城市更新"的内涵首先需要关注一个"多"字：认识多角度，现象多领域，问题多层次，利益多主体，参与多方面，方式多渠道，规则多标准。

下面从城市规划建设管理的角度，探讨城市更新的内涵。

1. 望文生义

1）字面内涵

"更新"是在现状基础上产生具有积极意义的改变，例如常用的新春吉语"一元复始，万象更新"。从广义上说，自然引起的老化、衰退也是一种"新"，但一般没有积极的意义，因此不属于"更新"，而只是"日薄西山""江河日下"。

城市中所有的更新行为都关系到城市的更新，包括自然生态的"万象更新"、居民对居所的更新、企业对生产设施的更新等。作为城市规划建设行业工作的专门词语，"城市更新"通常是指以城市的物质组成单元或功能系统为基本对象，同时包括对相关非物质要素的考量安排、有组织的集体行为。对于以非物质组成单元为主要更新对象，以及业主的独立更新行为、其他相对间接的更新内容等，"城市更新"应当积极地对其引导和利用，并依法进行必要的规范。

因此，"城市更新"就是对城市现状进行改善和提升的集体组织行为。其中，产生积极意义是对城市更新的一致认识，对现状基础的评估和利用则常常仁者见仁、智者见智，实际上是源于对城市更新的程度和策略的选择不同。

2）行为内涵

结合对城市内涵的认识，"城市更新"行为是为了促进城市健康持续发展、不断改善生活和生产条件，依据不同角度的感知和判别——多角度、多主体，针对具体不同现象——多领域、多层次，采取相应方法和行为——多渠道、多方式，按照一定规则——多标准，顺应和支持城市运行的一种共同参与的行为。以法定产权权益和责任为依据，考虑参与方的主动行为与更新对象的关系特点，城市更新可以分为直接和间接两种主体行为。

直接主体一般是个人或各类集体，权益、利益和责任都比较明确，更新行为通常是单纯性、自主性的，其与周边的关系和与系统、全局网络的协调性应作为评价更新行为的重要内容。因此，直接主体的更新内容和行为，是城市更新需要引导、利用和规范的主要对象。

间接主体一般是某类机构或某个集体，以决策、组织为主要内容开展和推进城市更新工作，需要从全局统筹谋划，选择发展战略、更新意图，明确更新路径、组织方式、支持措施等，更新行为具有较强的复杂性、层次性、政策性和综合性。城市更新的间接主体行为是城市规划、建设、管理的重要内容，需要与城市的全局和整体的可持续发展统筹兼顾、全面安排。

因为直接主体与间接主体在城市更新的权益、责任、主动权和对更新内容、水平的意愿等方面可能存在重要区别，二者的意愿和行为需要协调一致，城市更新才能顺利进行，取得公认的良好效果。

3）节点内涵

节点是指具有特定意义的时间点、空间点或事件。城市更新的节点，从宏观方面看是处于城镇化和经济社会发展的进程之中，从微观方面看则在更新项目的推进过程中；其内涵理解有战略和战役等不同层次、政策和策略等不同性质，以及城市空间的功能、结构、系统、景观等不同作用的多种区别。

城市更新无处不在、随时发生，正确地认识、理解和处理好节点，有助于在更新工作中把握方向、抓住关键，收到事半功倍的效果。在经济社会和城市发展方面，城市更新尤应重视阶段跨越、需求改变、观念转变、方式转型、结构调整、政策变化、技术进步等战略性动态节点。

国家城镇化的发展阶段、区域城镇化的发展趋势、本地城镇化的发展态势，是分析城市更新应否作为战略节点出现的基础条件；发展方式转型能力、转型的资源和持续能力，特别是城市更新的资源持续能力，是能否把城市更新作为战略节点的基本条件。

具体的城市更新项目因其规模特点一般不属于节点，但也可能有少量的更新对象因其功能、区位、结构作用乃至规模特点而成为城市的更新节点。这种节点通常需求适用性较好，目标单纯性较强，行动自主性明显，外部协调性需要关注。

城市更新项目如果是基于系列更新行为的一种方式，其节点内涵具有战役性特点，属于某种战略性目标，例如地段复兴的组成部分。这种方式如果能够保证实现长期行动的一致性，其方式自身也能够成为完整、独立的城市更新战略。

4）程度内涵

广义而言，更新包括物质要素和非物质要素随时间流逝的自然变化现象。这种变化是普遍和微小的、不断的渐变，既不可阻挡，也不易察觉。狭义专指，城市更新是人的主动行为，局部发生、效果明显；通常是由自然更新导致的，但也经常由经济社会发展、科学技术进步、消费特点变化、时代文化演进等各种各样的原因引起而发生。

自然更新的程度是一种客观现象，把握主动更新的程度则十分复杂，直接涉及或取决于现状认知、价值取向和经济、技术、实施等方面的能力。衣服的质量和品位、汽车的功能和档次，都是消费者的个人选择；城市更新既有责任、利益主体，又普遍具有公共、公益的要素和因素，因此城市更新程度的选择，不但需要经济技术的选择方法，还应当协调社会价值取向，尊重产权主体的选择，同时明确选择的权益和责任。

5）名词定义

尽管城市更新的现象和行为几乎伴随城市发展整个过程，但其作为一个专用名词则始于现代，定义有多种说法。例如：

根据百度百科的解释，1958年8月在荷兰召开的第一次城市更新研讨会上将"城市更新"（urban renewal）定义为：生活在城市中的人，对于自己所居住的建筑物、周围的环境或出行、购物、娱乐及其他生活活动有各种不同的期望和不满；对于自己所居住的房屋的修理、改造，对于街道、公园、绿地和不良住宅区等环境的改善要求及早施行，以形成舒适的生活环境和美丽的市容。以上这些内容的城市建设活动都是城市更新。

荷兰有专业人士认为，当时的"urban renewal"是"市区重建"，20世纪80年代后的"city renewal"才是"城市更新"。"从荷兰城市政策的发展历程来看，二战前为加强中央商务区的建设，物质空间改造类政策是其主导方向；二战后住房短缺问题日益严重，社会问题类政策成为关注焦点。20世纪80年代，随着'城市更新'（city renewal）的兴起，加强城市经济成为城市发展的第一要义。""荷兰的城市更新政策由来已久。近几十年来，其政策注重对物质环境、社会、经济问题的回应，一些行动也关乎福利体制的演变。……长期以来，荷兰的城市更新政策特点可归结为：在片区干预的基础上促进社会融合，增强社会凝聚力以及加强公众、市场和居民的多方参与"[1]。

美国纽约市规划局前局长饶及人（James Jao）认为：在旧城改建中，有不少英文专用名词，至少包括城市更新（urban renewal）、城市重建（urban redevelopment）、城市振兴（urban rejuvenation）、城市复兴（urban revitalization）、城市革新（urban regeneration）[2]。从字面意思理解，这五个词似乎是不同领域对城市更新的目的的阐述，由此也可见城市更新涉及范围和关注领域的广泛。

在众说纷纭的见解中，城市更新通过解决现状存在的问题使城市产生积极变化的目的和行为的定义是一致的，而具体目标和行为内容的定义则是直接受国家或地区、城市的发展阶段、时代文明、发展战略和政策等影响。

成语"盲人摸象"说的是不应以偏概全，应当知道"是什

---

① 萨科·穆斯特尔德，维姆·奥斯滕多夫.荷兰城市更新政策回顾和述评[J].刘思璐，译.国际城市规划，2022（1）.
② 百度百科城市更新词条。

么"与"有什么"的异同关系；对具体的丰富内涵进行定义都是从一定角度出发的抽象，只要抽象出准确特征即可。笔者认为，从城市规划建设工作的角度，可以把城市更新的内涵定义理解为：一条发展路径、一种建设方式、一个利益平台，当然也是规划建设的一种具体行为。

新时代的城市更新应当包括物质和非物质，生活、生产、运行等多个领域，形象、功能、主体等多种角度；不仅是物理环境的改造，也必定包含社会、经济和文化层面的全面改进。作为现象，城市更新是持续不断的；作为战略，城市更新可能是某个发展阶段中的选择；作为工作，城市更新需要因地制宜、因物制宜、因时制宜地组织和安排。

（1）发展路径

作为一种行为，更新自城市出现起就客观存在，"走的人多了，也便成了路"①。城市发展到了一定阶段，例如在局部衰退、集中建设的设计工作年限到期，城市总体成熟、提质升级、方式转型等阶段中，城市更新就会成为一条重要的发展路径，出新、更新、重建、复兴、振兴、发展之类的意图都是这条路径中的不同车道。

（2）建设方式

发展行为对于物质和非物质都可以称为建设，例如城市建设、工程建设、文化建设、精神文明建设。新建与更新广义上都是建设方式，城市规划建设领域中的新建与保留、维修、改造、拼合、拆除、重建等都是建设方式中的一种，是方法而不是意图，也不应作为一种目标或标准。

---

① 鲁迅，《故乡》。

（3）利益平台

包括城市利益的维持、维护和增加，总体利益和专门利益的统筹，公共利益与非公共利益的配置，经济效益和社会效益的协调，具体利益、权益的依法保护和优化调整等，都可能、也可以、更应该在城市更新中得到恰当的安排。

2. 更新与新建的区别

城市规划建设领域中，城市的更新与新建在很多方面是相同或者相通的，但二者之间有不少区别应当关注，主要可以分为基础、客体、动因、主体、技术、政策六个方面。

1）基础区别

（1）用地条件——限制要素的多寡

新建是在空地上进行，重点考虑地形地貌和建设成本，获得用地、几通一平之后主要解决各种设施和建筑物的新建问题。最为典型的例如20世纪90年代初中国、新加坡两国政府合作的苏州工业园区，一次性拆除园区70平方公里范围内的所有现状建（构）筑物，称为"空产转让"；全部地面填高1米，以获得保障充分的防洪条件。当然，新建也是更新中常有可能局部采用的一种方式。

更新主要是在现有城区中的问题地段进行，除了地形地貌和建设成本，还要考虑更新对象主体的现状相关条件，及其与周边建筑、城市空间、交通和市政基础设施的关系。更新建设期间的安置、过渡成本，更新的相关要素、限制条件等影响因素与新建相比，更为繁多而且复杂。

（2）社会条件——网络关系的有无

新建地块现状一般没有城市社会网络，总体上属于周边现有社会网络的延展，或者基本没有负担和制约地新生成社会网络。改革开放以来，伴随着城镇化进程出现的大量新城区，容纳了来自各地的新市民，就是这样形成了城市新社区网络。

更新在现状城区进行，不仅是设施、景观、功能的更新，伴随着功能的变化，还可能引起活动主体、权益主体的变更，原有的文化关系、社会关系等也产生相应变化，很可能就改变了原有的社会网络关系。物权与具体人相关联，拆除重建的更新方式更有可能改变，甚至重组社会网络结构关系。例如，功能更新可能改变工作岗位和交通方式，带来居民和通勤的变化；品质更新可能改变消费层次，带来消费群体的变化。

城市规划建设领域的更新首先都是针对物的更新，同时也经常引起物与人的关系——产权权属、人与人的关系——社会网络的更新。良好、稳定的社会网络是城市健康发展的基础，社会网络的品质提升则是城市更新的理想目标。

2）客体区别——行为对象区别

（1）对象类型区别

新建对象以物体为主，功能等相关要求已经通过设计转化融入待建物体的形式之中，建设类型单一，适用的规则、规范明确。

更新对象以现有物体的质量安全为基础，以产权人的发展需求为导向，以提升现状功能和改善相关关系为主要内容，包括保护、维修、改造、拼合、重建、新建等多种建设类型。具体采用哪种建设类型，需要统筹客体和主体，历史、现状和将来等许多相关情况，综合进行选择；其中如改造、拼合、重建等建设类型目前尚无独立完整、可靠完善的技术规范。

（2）对象产权区别

新建对象主要采取业主自建（包括合建）和建设销售两种方

式，产权关系多具有单纯性或模糊性特点。业主自建的产权关系单纯、明确，在符合规划、规范的前提下，"我的房子我作主"；建设用于销售的产权相关权利在销售前由建设方集中行使，也是简单、明确的，而销售后的分散产权无法对新建产生直接影响，因此是模糊的。

更新对象基本上都已有明确的产权归属，在以片区或建筑物整体为单位进行城市更新组织的情况下，产权是分散而具体的，如何行使产权权利的具体意愿是多样的。对于是否更新，年轻人和老年人、定居者和过渡者的选择可能不同；对于何时更新，家庭成员有没有寒暑假等方便时段可能导致各有适时条件；对于更新什么，至何水平、楼层、户型和经济条件等，不同的产权方通常也各有意愿。

产权是相关权利的依据，因此产权区别是最基本的区别；产权权利由人行使，而在所有要素中，人是最复杂、多样而且多变的，因此更新的社会协调工作的复杂性和难度远非新建可比。

3）动因区别

（1）目标的复杂与单纯

新建因为建设方明确而单一，其目标动因也相对单纯，多直接来自发展的需要、市场的需求，主要针对解决有与无、多与少的问题。且因过去数十年我国的工业化和城镇化因增量为主、外延扩张的模式基本稳定而广为人们熟悉，已经形成了一整套惯性运行系统，典型的例如房地产发展方式、招商引资出口加工发展方式等。

主体权利和更新效益、权益的多样性，带来了更新动因的多样性、复杂性。质量与数量、公共利益与产权利益、长期与短期（例如迁居、不同年龄阶段需求）等；需要的、不要的，要这个、那个的，要这样、那样的，理想意愿和切实诉求五花八门。城市更新的任务如何产生、目标如何确定，即是需要深入调研、广泛协商的前提性内容，处理不好将很可能影响到城市更新计划的效果甚至成败。城市更新战略性动因的依据尽管比较宏观，但面对补短板、拉动消费、阶段提升、发展转型等不同目标及其作用，以及生活与生产、公平与效率等战略层面的考量，对于战略目标实施、实现的相关条件要求更加复杂而抽象。

（2）职责的直接与间接

新建和更新的组织和实施都有各自的直接责任，但就行为整体，尤其是针对产权关系而言，实施职责是直接的，组织职责是间接的。在决策内容和成本承担方面，直接与间接的权利和责任有重要的区别。

新建的组织与实施往往由同一个产权主体或者同一个主体系列负责，组织与实施的分工属于内部关系，总体上都是直接职责。

城市更新因为涉及面广、参与者众，往往需要统一组织、各自实施，而且组织方与实施方，特别是产权方，通常都不属于同一个主体组织系列。在这种状态下，对权利和责任的范围、归属进行直接与间接的区分，是重要的政策性问题，应当认真、审慎地梳理清楚，尤其需要关注权利范围和实施适应性的关系、成本责任与产权的关系。

（3）弹性与刚性

新建和更新从行为角度都是主动的，但动因有一定的区别。新建主要考虑发展，因此动因通常都是主动性的；反之，如果不主动，新建行为基本上不会发生。因此，除了关键性的配套，新建动因总体上属于弹性动因。

更新的动因多样，考虑发展或转型升级等的动因通常是主动性的，多属于弹性动因；而在质量安全、保底线、补短板等急难愁盼问题方面，一般都是面对必须、不宜甚至不可拖延，因此具有比较明显的被动性，属于刚性动因。

4）主体区别

（1）产权的单一与混合

新建通常有一个建设方，建设目标集中，产权主体单一，利益关系明朗。即使需要合建方，通过选择也可以不影响对原有目标的追求，对其利益的总体评估方法和获利渠道一般是相同的，利益配置属于合建方之间的内部比例问题。

更新一般涉及的产权主体较多而特性复杂，各相关主体的更新需求、品质选择、承担能力、偏好取向等多有特性，由此带来更新目标和利益关系的多样、复杂性。

假如把新建主体比喻为一块石头，更新主体就好像混凝土，需要水泥、黄砂、碎石、水等多种元素，其中水泥标号、黄砂品类、碎石粒径、水灰比等众多因素都能够对混凝土的整体特点产生影响。因此更新需要进行大量的关系协调、利益调整，才能有效整合成为统一的主体意志。

（2）职责的公共与非公共

对于公共和非公共两大类主体，究其本职，二者在价值追求和效益评估方面客观存在明显的差异。

从事新建的主体多不是公共主体，其职责就是为本主体求发展、谋利益，主动服务社会利益属于倡导性义务。即使是公共主体，从事新建的具体职责也是以新建内容为范围。当然，因为公共主体的本性，客观上会比非公共主体更多地考虑公共利益。

生产发展类的更新是城市更新极其重要的组成部分，在活力地区、活跃阶段甚至是主要部分、先行部分，通常都由企业主体进行。生活类城市更新的目标主要就是破旧的翻新、滞后的提高、差距的缩小；更新主体职责重在解决雪中送炭类问题，因此除了私人住宅装潢的更新，从事城市更新的主体通常是公共主体。对于发展、保护、道义的指导原则，市场、公共、个人的利益配置，保持社会稳定、维护社会公平、促进社会文明的责任，重点关注领域、更新目标水平等方面，协调兼顾包括产权方、相关方与公众等各种不同的诉求和标准，只能由公共主体承担组织，才能可靠、有效地对城市更新进行综合统筹。

5）管理区别

（1）管理程序——自上而下与自下而上

在城镇化快速发展的过去几十年中，以城市的人口和用地的规模扩展为基础，主要服务于新区开发和各种设施、建筑等的新建设，重点解决有无和供不应求问题，旧城改造客观上是其中的辅助部分。1989年首次颁布的《中华人民共和国城市规划法》第三章"城市新区开发和旧区改建"中，专谈新区新建的有3条，旧区改建仅有1条，客观反映了当时的建设重点。这种立足于增量发展及其主动性意愿的传统程序的基本特点是自上而下、政府主导，先规划、后建设，各项建设必须符合城市规划。

城市更新立足于建成区的发展现状，从逻辑上就是对原规划的更新；以大量实物及其之间关系等客观现实的存在为基础，依据其主要职责对象，以及主体构成状况、产权法定性质和权益分布特点，城市更新的目标和任务非常需要自下而上地产生，才能准确、及时地发现问题，以更好地结合当地实际、满足消费需求；非常需要在正确指导和恰当管控的基础上，加强对解决实际困难、打通更新实施卡点的服务，使城市规划建设管理能够适应城市更新的需求。

原本属于管理范畴的程序区别，实际上体现了问题的内涵和所在位置的区别，体现了基础资料搜集、现状调研等的内容和方法的区别，体现了客观性的"问题导向"与主观性的"目标导向"的关系区别。

（2）管理理念——织补、传承

织补、传承是更新与新建的管理理念区别的两个主要方面。

织补属于工程技术理念方面。新建的创造、创新有充分的自由度，一般只需考虑与周边的风貌协调、与城市系统的衔接。更新是补旧翻新，除了要考虑周边风貌协调和城市系统衔接，最重要的区别有两点：一是保留评估，更新对象的工程质量、功能效能、空间适应、绿色低碳等都需要统筹兼顾；二是内部衔接，包括系统内的多种协调、衔接，例如新旧物体衔接、新老设施系统衔接、新功能与旧物体衔接、新空间与老功能衔接等。

传承属于文化艺术理念方面。新建与更新原则上都关注传统、重视创新，二者之间最重要的区别仍然在于"根"，这个根包括建筑和用地两个部分。新建没有建筑之根，如果用地也没有特定的文化渊源，那就可以在宏观文化脉络基础上自由创新，或者引入新的文化。更新具有建筑和用地两个文化根基，而且还有其不同历史时期的脉络，似乎创新空间小于新建，但创新根脉元素优于新建。总体而言，新建的文化理念更多地倡导发展性、独创性，更新的文化理念更多地倡导文脉性、独特性。

（3）管理标准

当前施行的一系列规划建设技术规章、规范，基本都是在以增量为主的发展方式、以新建为主的建设方式实践中逐步建立和不断完善形成的，总体上都是立足于空地新建、规模开发，主要针对新建模式，而不适用于旧区改造、局部更新的模式。

更新与新建在建设技术方面的基本区别如前所述，主要在保留评估和内部衔接两个方面。现有技术规章、规范需要在城市更新实践的基础上及时更新完善，形成适应城市更新技术特点的技术规范体系。

6）政策区别

从城市规划和工程建设作为具体行为的特点来看，新建是从无到有，更新是从有到好，区别重在技术政策原则和基本方法。作为发展的阶段、方式和路径，新建与更新最重要的区别在于相关经济社会政策，而在阶段跨越、方式转型期的政策作用尤为关键。主要宜关注以下三个关系的区别：

（1）主要目标导向

支持经济社会发展与促进社会公平都是所有规划建设的主要目标或内容构成，区别在于，因为更新主要针对陈旧、滞后等城市发展短板，与新建相比，更新对社会公平、发展协调均衡的导向更加重视。

（2）主要服务对象

因为目标导向的区别，在服务投资、发展生产与服务生活、改善民生等经济社会发展策略方面，以及由此而带来的其他相关关系方面，新建与更新常存在对相关对象的权重、优先序，特别是创新意愿和条件等方面选择的差异。

（3）主要内容焦点

新建与更新都要考虑全面改善公共环境、提升城市发展品质与持续发展能力，但现状产权的客观特点使更新普遍存在具体权利、权益的调整，更新政策是极其关键的利益配置平台。

3. 城市更新的难点

因为与新建的多种区别，城市更新需要解决的问题更加复杂烦难，难点主要体现在以下几个方面。

1）产业导入——发展能力

需要更新地区基本都是相对滞后或业已衰败地区，一般存在的问题可简言之"不好看""不好用""不中用"。

"不好看"的景观风貌问题不存在无法解决的技术障碍；"不好用"主要指建筑和配套设施等的质量或水平问题，技术上也不难解决。针对"不好看""不好用"的更新，都需要依靠合理的经费支撑，经费的来源和获取是进行此类更新的必要条件。只要具备了必要的经费，"不好看""不好用"都不是难点。

"不中用"指一定空间范围的相关功能现状缺乏发展能力或足够的动力，需要植入适宜产业，增强或更新生产性功能。产业植入涉及技术、人才、投资、市场，并可能涉及空间布局、社会网络、交通和市政网络等多方面的结构调整。因此，产业导入是"不中用"的困难所在。

难点主要有三个方面：规划的产业布局理念和用地政策问题，产品的市场及其成本、效益问题，当地创业、就业的人才问题。

导入适宜产业，特别是新型高效产业，促进生产发展，是城市发展的前提，是城市更新的重要战略问题，也是城市更新能够获得经济支撑、持续发展的保障，应当重视解决具体更新项目中的产业导入障碍。

2）投资平衡——利益配置

从投资角度出发的平衡标准十分明确，关键是投资的政策和运作。难点在于考虑经济效益、社会效益、发展效益的统筹平衡。

经济效益是直接效益，可以明确测算，利益关系清晰。因为城市更新对象的修缮成本往往成倍地高于新建成本，通常还需要安置和过渡等成本，更新后的物业价值及其配置如果不能给投资方带来合理利润，就难以保护投资意愿，难以拓展融资渠道和广泛利用社会资源。

社会效益也是一种直接效益，从经济效益角度也可以理解为间接经济效益；获益主体明确而责任相对模糊，例如更新后新增工作岗位的就业者无需为更新行为本身做什么。难点在于更新到什么程度和水平，特别是由谁买单和如何买单的问题。

对于发展效益，其中的公共效益部分理所当然主要应由公共资源承担，难在对非公共效益的配置与责任承担。典型的例如，相关设施和居住环境等条件更新后，取得了地段环境优化、质量安全改善、宜居水平提升等社会发展效益，而不动产权增值部分的利益如何配置，或者说更新成本如何承担，直接影响到更新投资的平衡。在成本效益的原则下，更新成本是按照社会责任、个人能力，或是公共与非公共的获利统筹兼顾、合理分配，不同的社会政策本质上还是体现了经济利益的配置。

这个方面的难点主要体现在两个方面：价值观方面，如何评估和衡量经济提升和社会进步的发展效益；策略方面，在更新时的全局和结合中长期的考量中，投资平衡的标准如何确定。

3）社会价值——政策设计

有别于从投资平衡角度考量全面的社会效益，社会价值则更多地从社会公平角度考虑。城市更新的社会价值本质上体现在"为了谁""谁得利"。

城市更新的社会价值面临多种主动的选择，例如公共、集体和个人等不同利益，鼓励效率和促进公平，促进发展和保障底线等，更新效益配置实际上就是一种分配机会。

效率与公平、合理与合情、打造城市形象标志与解决生产生活实需，社会价值的主流导向反映了社会制度的特点，具体取向则体现了更新工作主体的胸怀。对于产权责任、实际获益、经济能力，社会价值配置需要根据具体情况把握方向和尺度，说到底就是，城市更新谁得利、谁出力（资源）。

4）更新标准——建设方针

城市更新需要技术标准，通过广泛的实践、一定的过程逐步建立、完善。主要基于自然科学范畴的工程技术类标准，规则性明确、通用性强、稳定性好；而主要基于社会科学范畴的各种经济、社会类政策标准，既有国家的总体导向，又需要结合各地的具体情况，在城市所处发展阶段及其发展条件、城市现状品质和公共更新资源等方面，都可能需要因地制宜地细化政策操作标准。

例如，本地当前的主要需求是更新还是发展，二者关系如何把握；什么状态需要更新或可以续用，以符合当地经济社会水平和低碳发展的原则要求；什么文化应当真实保护或弘扬发展，以遵循"在发展中保护，在保护中发展"的总体导向；考虑更新水平与更新成本，如何把握房价与城市竞争力的关系；考虑底线保障标准与公共财力，如何把握促进公平与促进发展的关系；考虑更新责任与承担能力，如何把握公正与公平的关系等。

5）城市更新是复杂系统的复杂行为

城市是复杂系统，城市更新就是针对复杂系统的复杂行为。其复杂性主要体现在以下几个方面：

（1）更新的内涵关系

重点包括：

表与里的关系，更新不仅关注城市空间的外在面貌改善，更应重视城市机能的内部提升，如服务能力升级完善、发展功能拓展增强等。

局部与整体的关系，城市更新不仅是具体对象的更新，也直接关系或涉及城市的经济发展、社会进步，影响到经济结构、社会结构的优化调整。

改善提高与"双碳"目标的关系，城市更新需遵循绿色发展理念，提高资源利用效率，在改善生活的同时引导绿色生活方式，构建生态友好的城市环境。

物质更新与文化传承的关系，既要保护城市记忆和地方特色，又要传承文脉、创新发展，实现传统与时代的文化融合，促进社会文明进步。

政府引导与市场机制的关系，不仅需要政府主导、统筹编制城市更新规划、制定更新实施政策，更需要利用市场机制，以相宜的经济政策吸引社会资本和相关资源的积极、广泛参与。

组织与自组织的关系，组织形式利于统一规划，适宜制定战略、把握方向、明确标准。自组织的产权方关注聚焦、讲究实用，对更新需求最先感受体会、最具体评估、最有适时更新的动力。对自组织方式的更新，应当重视关注、积极鼓励、广开渠道，并给予合理、必要的支持；引导和利用得当，就能使之成为城市更新的重要动力和资源。

（2）更新的尺度关系

重点包括：

大与小的关系，确定更新项目应统筹城市整体发展战略与更新地块的具体情况，确保小尺度的更新能够融入并促进大尺度的城市系统结构优化。小的更新项目易于各具特色，获得多样化效益；大项目则易获得规模效益，但需要注意保持和创造多样化特点，避免创作的标准化和管理的简单化。

点与面的关系，选择具有代表性的对象，采用可复制的方式和条件进行更新并取得理想成效，以示范引领带动，实现由点及面的辐射效应。尤其是点的示范，明确其示范条件和支持政策宜考虑两个部分：一是确认示范前的探索和引导需要，属于不可比部分；二是探索和引导需要以外的部分，属于可比部分。对于可比部分，如果给予示范点的条件和政策不能够普及，该示范点的成效和经验就难以起到示范作用。

快与慢的关系，快速更新短期见效明显，有利于应对紧迫的城市问题；而过程从容的更新一般更利于获得长期效益和稳定的社会结构关系，尤其是建设过程与运行过程的关系，对更新的目标、方式等有可能产生全方位的影响。

（3）更新的时空关系

重点包括：

更新的时空关系中普遍存在的焦点之一是形式与功能的关系，或者说是传统形式与现代功能的关系。典型的例如，在城市演进历史中，今天的旧城区都曾经是经济社会中心区，历史街区则多为居住区，在更新中保护历史上的经济社会和居住功能，还是改变为文化旅游功能，需要结合市场容量及其效益，因地制宜、实事求是地具体探讨。

近期目标与长期愿景的关系，需兼顾近期目标与长远方向，确保短期改造措施与长远利益相协调，促进城市可持续发展。应当关注的是，对于同一个更新主体，近期与中远期的关系较为清晰、连贯；自组织主体与组织主体之间，彼此的近期目标关系比较清晰，而与中远期目标的协调关系则需要组织主体的引导和指导，或者取决于城市规划的编制深度和公开程度。

更新周期与节奏把握的关系，不同更新项目的合理周期差异显著，有的适合短期集中改造，有的则宜分期渐进实施。需综合城市发展阶段、资金运作能力、社会接受程度等多种因素，使更新行动与城市发展的态势相适应。项目中的不同地段、不同内容的更新先后顺序，不但需要与合理的更新技术流程相协调，也要考虑对及时使用、运行和运营的影响，还要考虑更新效益增值对相关部分的调节作用。

三、城市更新的多样性

构成城市更新的因素很多，除了城市和更新对象现状客观存在的多样性，人的主观意识也有甚至更加复杂的多样性。总体而言，可以把城市更新的多样性分为动因特点、发展阶段、更新作用、更新需求、更新方式、更新角度、更新焦点七个方面。

1.动因特点多样性

城市更新究其起因，可以分为对自然变化的被动应对和对发展进步的主动追求；更新动因的刚性或弹性，则因具体更新对象的实际情况和相关经济社会、政策因素而定。更新动因的特点总体上可以分为以下三类：

1）适应性

现状生产、生活设施不能适应城市运行发展和居民生活水平提升的需求，成为引发更新的动因，主要体现在生产及其相关配套设施、生活服务设施、环境设施和住宅改造、装潢等领域。此类动因的强弱一般取决于不适应的客观程度，同时也受到主观感觉、认识的影响，因此具有一定的弹性。

2）逻辑性

动因特点从逻辑角度可以分为两种性质：现实需求的被动逻辑和引导需求的主动逻辑。

客观自然的变化使城市相关要素的品质退化，就到了必须更新、不得不更新的阶段，否则就存在安全隐患或者难以正常使用和运行，属于现实需求阶段，例如管线、电梯、路面老化，建筑年久失修等，此类动因基本上都属于刚性的更新需求。客观自然动因引起的更新需求是全面的，因为相关设施、设备的衰退、磨损、老化都有一定的规律和工作年限，一般可以按照原建设周期分部分逐步渐进。

主动追求的发展目标、战略等因选择跨入一个新阶段而产生更新需要，属于主动引导需求、激发需求。这种动因引起的更新需求有属于专门领域的，也有普遍相关的，但其因人为的安排计划而多是相对集中的，因为主体意志的决策作用和施行能力通常也都具有一定的刚性。主动动因是先发性的，旨在引导需求、促进发展；主动逻辑的正确与成效，更需以最终是否实现了发展目标、获得了合理效益来检验，形成逻辑的完整闭环。

3）主体性

城市更新的多主体伴生更新动因的多角度，更新主体有各自的取舍和不同的侧重，动因角度的区别决定了相关主体对于同一个城市更新项目的认可与否。相关主体的动因意愿越相同，城市更新行为越容易形成共同意志、产生更大的合力，因此城市更新应当重视主体性动因的协调兼顾。

2. 发展阶段多样性

城市更新一般需要判别两类发展阶段：城镇化发展阶段、经济发展阶段。不同阶段各有特点和主要更新需求。

1）城镇化发展阶段

此类发展阶段的特点以建制市、镇的人口数量动态为主要依据。根据城市更新的特点，大致可以分为三种阶段状态。

（1）常态阶段

按照我国改革开放初期城镇化历程的动态，常态阶段的城镇化率一般年递增 0.3% 左右，新建项目较少，城镇发展平稳，状态总体平衡。

这种阶段的城市更新通常有两个重点：一个是保底线、补短板，以提升城市整体水平、促进社会公平；另一个重点是以创新和高水平的引领打破现状平衡，提供更新样本，诱发更新意愿，引导更新路径，促进城市良性循环发展。

（2）快速阶段

从 20 世纪 90 年代初以来的历程和经验来看，城镇化率年递增超过 0.5% 即可认为进入快速阶段。沿海地区城市多可达到 1% 以上，昆山、江阴等一些县级城市在快速阶段的某些年份甚至连续达到 2% 左右。大量的新建项目、快速增长的人口使城区快速扩张，整体显现出不平衡的动态。

因为新建项目数量多、新建水平提升快、新增人口要求少，在过去 30 多年中，该阶段的"更新"多以人口的迁居为重要方式，而城市更新通常只有一个重点——补短板。通过持续补短板不断提高底线水平，使不平衡的动态获得平衡、协调。

（3）转型阶段

城镇化发展的转型，主要就是从以量的增长为主转变为以质的提升为主，或者量质并重，城市更新实质上主要是人的发展机会及其就业岗位特点的变化。具体的转型方向与产业模式密切相关，如资源密集型、劳动密集型、资金密集型、技术密集型、知识密集型。这些不同的产业模式对劳动资料、劳动对象，尤其劳动技能等生产要素的需求差别显著，给城镇化和城市更新带来不同的内涵结构和路径。

城镇化转型阶段，一般就是人口结构的调整阶段，同时也可能发生人口动态或增速的变化。在通常都是升级转型的情况下，工作岗位技能要求提高，必然要求劳动者素质提高；劳动者素质提高，相应也会要求提高收入，增加生活诉求。因此，这个阶段城市更新的重点也应有两个：第一，服务转型需求，促进顺利、加快实现转型目标；第二，服务转型衔接，助力城市在转型期的平稳发展。

因为城镇化转型是对经济社会发展动态的一种主动调适，因此该阶段的城市更新一般也以人的主动更新为主。

2）经济发展阶段

经济发展阶段对城市更新的影响可以关注三个阶段：GDP水平阶段、产业转型升级阶段、发展方式转型阶段。

（1）GDP（国内生产总值）水平阶段

GDP是对经济实力的总体衡量，在我国的城市规划建设中，多习惯以GDP作为综合性依据和目标。城市的GDP水平一般与公共财力、人均收入、更新能力以及人们的期盼愿景都有密切的正相关关系，而与人们对生活品质的可承受程度呈负相关关系，因此城市的GDP水平与更新的对象和水平也都密不可分。

大量现实状况表明，随着城市人均 GDP 的提高，人们生活居住的水平也水涨船高，传统地段的宜居矛盾随之凸显，空心化、老龄化程度不断加剧。因此，城市更新的目标水平不但必须满足当前要求，还应统筹考虑城市的中长期发展预期。

（2）产业转型升级阶段

因为劳动力素质提升、相关人才的集聚和公共服务系统的调整完善规律，转型升级的一般特点是逐步进行，如劳动密集型转向资金密集型、资金密集型转向技术密集型、技术密集型转向知识密集型等。在具备相应条件和机遇的情况下，也可能实现跨越式转型升级，主要是从低附加值、高能耗、高污染的产业向高附加值、低能耗、低污染的产业转变。

产业转型升级给城市更新带来的影响主要有三个方面：一是生产内容的变化需要生产设施相应改变，并可能需要市政设施相应更新；二是劳动力规模和素质等变化带来生活需求的变化，引发生活居住系统的更新；三是由此引发公共服务系统的更新。

在一般情况下，城市更新应针对这些变化满足需求，支持和服务于产业转型升级；具备适宜、靠谱的条件时，也可以更新先行、创造机会、拉动需求，在大规模招商引资、新建为主的时代称之为"筑巢引凤"。

（3）发展方式转型阶段

需求包括创新驱动、绿色发展、扩大内需等，重在形成更加优质高效、公正公平、生态环保的长期发展路径，涉及经济、社会、环境等各个相关领域的系统性调整。

这个阶段的城市更新，首先需要对城市规划建设传统理念的更新，更新方向必须符合发展方式转型的总体需求，沿袭传统理念服务发展方式转型无异于刻舟求剑；其次需要更新相关技术规范、标准和管理规则、方法，以与发展方式转型的物质更新需求和更新的技术要求、创新导向、发展道德等相衔接。

经济发展阶段是一种宏观划分定位，无论对于哪一种、哪一个阶段，城市本体都是不均衡的，城市整体都是不平衡的；只要具有足够的发展意愿，就始终客观存在各种目标和内容不同的发展更新需求。调整完善不协调的功能关系、适度缩小不合理的发展差距，城市更新总体上不太可能从一个发展阶段跳跃到下一个发展阶段，而需要做好经济发展不同阶段的衔接、过渡。划分更新阶段的最根本、最直接的依据是产业转型升级的进展和成效。

3. 更新作用多样性

一项城市更新行动可以同时具有多方面的作用，包括自身作用、派生作用和触发作用等。更新主体各有自己的愿景，因此组织和进行城市更新应全面统筹各种积极作用的综合发挥，以使城市更新的效果最大化。

1）自身作用

指针对城市系统或建筑实体等的内部因素，通过更新使其发挥的直接目标作用。

（1）利用作用

城市更新的对象以空间利用功能为主，包括对景观环境的视觉欣赏等精神、文化性利用。这是城市社会的现实需求，也是城市更新最直接、最基本和最普遍的作用。

（2）发展作用

城市更新不但改善生活，而且发展生产，从而促进城市的经济社会环境全面协调发展。发展作用是城市更新最本质、最重要和最宝贵的作用。

除了直接的产业更新，城市更新对于发展的作用主要可以归纳为六个方面：提升城市功能，直接服务发展需要；优化交通市政和公共服务设施，支撑发展基础；美化城市景观环境，改善发展条件；保障城市相关底线，形成公平和谐的社会发展氛围；传承优秀文化，塑造城市发展特色；协调城市的不均衡、不平衡关系，以保持持续发展动力。

2）派生作用

指以城市系统或建筑等基本元素为基础，通过城市更新的过程或结果，产生与城市更新有明确联系但又有所区别的新作用。

（1）市场作用

城市更新需要多种商品，如果更新常态化成为一种普遍的城市行为或发展方式，形成城市更新需求侧市场，就必然会对相关产业、城市的经济活动和发展路径产生直接影响。

结合当地或区域的资源、产业等优势和特点，高效利用好城市更新商品需求，通过科学引导、市场组织和政策扶助，在以交通低碳、产品和商品低成本为导向的合理运输距离的空间范围的基础上，打造和完善相关产业链、供应链，形成各类不同等级规模的生产基地和销售市场。

（2）就业作用

城市更新活动的自身行为和城市更新的商品消耗都会产生相应的就业机会。由于城市更新的规划建设和商品生产等不同环节分别包括了资金密集型、技术密集型和劳动密集型等人员结构各具特点的产业，内涵丰富、延展深远的产业链不但能够提供大量的就业机会，还可能提供丰富多样的就业机会，十分有利于城市功能的健全完善、相关设施的协调配套。

3）触发作用

以城市更新为基础，通过特定的规则或方法创造出来的新价值或形态，往往具有较强的创新性和启发性。

（1）刺激作用

就像石头入水产生涟漪，城市更新活动也必然产生相关的刺激作用。在系统内部，更新采用的新设备、新装置、新水平，通常都可能使其他原有设备、原有空间、原有水平产生各种不适应，例如功能不相匹配、观感不相协调等，从而刺激更新内容的增加。

在系统外部，本系统的更新也有可能使其他相关系统产生功能不相匹配、观感不相协调，甚至纯心理性的刺激效果，例如新设备的增加可能需要水电增容、补充配套，新水平的出现可能使周边环境产生滞后现象，周边的更新激发自身的更新意愿等。

古代有拒用象牙筷子以防连锁反应、产生奢靡之风的故事。奢侈通常是对于经济水平而言，因此城市更新既要立足经济能力、满足人民群众对美好生活不断增长的合理诉求，也要倡导绿色健康的生活方式，避免脱离经济实际和功能适用的奢华，防止产生不良刺激作用。

（2）诱导作用

城市更新行为，尤其是良好的更新成效，必然会对相关主体产生心理影响，从而很可能诱发新的城市更新行为。对于相似的现状情况，可以复制的城市更新行为所起到的诱导作用更大、更强烈，能够引起良性的连锁反应。

分类、分区组织城市更新项目时，对于城市更新的诱导作用应当予以关注并善加利用。

（3）示范作用

良好的成效必然具有外部影响力和吸引力，从而具有示范效应并引起效仿。能否起到理想的示范作用，关键在于是否可以复制。因此，城市更新项目的示范作用一般需要具有以下几个基本条件：

存在问题具有普遍性，特殊问题需要特别处理而不宜示范；做法具有标准性以方便示范，因地制宜当然也可能成为一种更新方法的示范。

更新水平具有普适性，过高的更新水平可能会使其他更新项目望而却步。

公共资源支持政策具有公平性，特殊的支持政策一般可用于诱发作用，或谨慎、稳妥地用于刺激作用，而不容易起到示范作用。

除了项目的综合示范作用，一些做法或成效也具有单项或多项示范作用，都可以结合具体需要进行示范。

4）主观目的与客观效果

主观目的都是良好的，客观效果偶有意外的惊喜，而常有不尽如人意之处，即所谓"眼高手低"。城市更新中，可能由于战术层面、操作层面的自身问题出现失误；而在战略层面、统筹层面或组织阶段如果考虑不周，存在、潜在问题的可能性更大，有些问题直到战术、操作阶段才出现，实际上问题根部埋在前阶段。

城市更新要实现主观目的和客观效果的统一，需要考量一些相关关系，例如更新的期望作用（目的、目标），与更新对象是否相称，与更新渠道是否相符，与组织方式是否相配等。同时还应考虑期望效果的可能衍生关系，特别是负面影响和效果。

因此，需要深入地分析城市更新作用的多样性，以充分发挥自身作用，有效利用派生作用，合理利用诱导作用，获得最佳积极效应。

4. 更新方式多样性

由于发展阶段、更新作用等各种多样性，相应的更新方式也是百花齐放、各有适宜、各擅胜场，以适应不同的更新需求。

1）更新方式的基本类别

城市更新实践中的具体做法因为更新对象的多样性和更新主体的复杂性而无法完全复制，从传承和塑造城市特色、避免千城一面的角度也不应复制、照搬。可以从中提取一些要素作为依据，把各种更新方式分为三个基本类别：

（1）基于程度的更新方式

这是最受社会关注的更新方式。从规划建设角度，例如出新、维修、改造、整合、重建等；还有很多类似名词，例如修缮、改善、整治、再开发、保护等。多种不同说法中，源自"更新程度"的多有通行规则，也有地方约定俗成的定义；其行为内涵都包括了硬件改善、功能提升、景观美化等更新实质，其行为表现不外乎保、留、修、改、拼、拆、建。具体做法还可细分，如局部拆除与整体拆除，原物、原状重建与重新规划设计建设等。

（2）基于组织的更新方式

包括政府组织，企业、社区组织，集体、个人自组织，混合主体组织等。应在法定权益和责任的框架下，根据更新任务需求特点，分析不同组织方式的利弊，选择或整合适应更新任务的最优组织方式。

（3）基于技术的更新方式

例如新功能、新理念，新设备、新材料、新技术、新工艺等各种新生事物催生的更新方式。此类方式选择相对简单明了，总体上不是选择，而是对应：专业对应、水平对应。

无论采用何种城市更新方式，都需要在实际应用中根据更新对象的客观需要，结合适宜、可行的相关条件，因物、因地、因时制宜，按事分类、具体选择。

2）更新方式的选择影响

上述三种基本类别的选择因素各不相同，选择城市更新方式而产生直接作用的影响主要也可分为三类。

（1）更新目的影响

例如以新旧替换为主的简单更新，以深层次的理念、方法等根本属性为主导的革新、创新，以经济发展为主的振兴，以城市经济社会全面提升为主的复兴，不同的更新目的各自需要相宜的更新方式。此类影响源于更新主体对更新目的的选择，可称之为主观因素影响。主观因素来自于对相关客观的判断，应当重视主观意志的客观、可行。

（2）更新程度影响

即更新对象现状的使用功能、工程质量、环境景观等方面的不适应程度，可称之为客观要素影响。同理，客观认知来自于相关领域和人员对更新对象现状的主观判断，认知应遵循恰当的标准。客观和主观是一体两面，无法完全脱离。

（3）社会因素影响

社会因素复杂多样，对城市更新有直接、重要影响的有产权、更新诉求和实施能力等。很多社会影响因素通常没有固定、明确的统一规则，需以约定俗成的文化性衡量；往往需要就事论事，特别需要统筹兼顾，主要影响城市更新组织方式的选择。

主观因素影响的方式需求具有多样化的弹性，客观要素，尤其工程质量安全影响的方式需求刚性特点明显；社会因素中，如产权等有明确规定的因素影响是刚性的，其他因素影响多是弹性的。因此城市更新的方式需求，一方面是实现更新目的的需要，同时更取决于更新对象的现状条件；刚性需求必须符合，弹性区间则往往是协调更新效益和水平高低的关键所在，应当慎重对待、妥善利用。

3）更新方式的"程度"问题

城市更新方式及其名词或者说法的不同，主要源于更新程度的区别，而程度的量变引起对于更新行为的认识评价不同、效果评估差异乃至更新目的改变。因此，更新方式需求不在于方式本身，而取决于对"程度"的认识；方式本身无所谓优劣，重在因物制宜的运用，包括对更新对象现状适应程度的判定和对更新水平程度的选择。判定适应程度必须以刚性条件为主，保障安全；选择更新程度需遵循国家建设方针。

对"程度"的认识应当区分单体和群体。从工程质量角度，"方式"主要应该对应更新对象单体的"程度"，判别二者的契合度，以便于加强针对性；更新群体中，尤其内容丰富、规模较大的群体中，众多单体很可能存在程度各异的状态，需要多种对应方式的组合。因此，对象现状"程度"的方式需求主要适用于单体更新，力求对应准确；"目的"的方式需求一般适用于群体更新，以便综合策划。两类方式需求及其比例应当因物、因地制宜，恰当组合采用。

从城市更新的规划和设计两个环节的技术特点来看，一般情况下，规划环节应侧重于经济社会发展和城市功能、支撑系统、空间关系等宏观政策性导向；设计环节宜侧重从工程技术角度判别更新对象的现状"程度"，根据"程度"、对应相关技术标准，提出刚性方式和弹性方式的具体适用对象。两个环节相互衔接、相互支撑。

对于同一个更新地域，其具体范围和规模的变化、现状的"程度"均质性等直接影响不同方式的应用比例，而不影响或不代表方式应用的恰当与否。因此，群体的更新方式重在正确把握更新原则，只要正确贯彻、落实了原则，具体留、改、拼、拆的比例就只是一种单纯性的客观结果或状态。考量建设实施的经济、绿色或是历史文化的保护和演进，城市更新对于旧物的一般原则都应是适用则用、能保则保、可修则修、须拆则拆；同时考量更新后的运行，则需从全寿命周期的总体效益角度进行评估，选择对旧物的更新方式。

5. 更新角度多样性

城市更新作为一种以实践为主的复杂行为，在同一个更新项目中也都是多种角度并存，并存角度的具体数量有所区别。可以把更新角度分为两大类：行为主体角度和行为客体角度。

1）行为主体角度

城市更新行为主体，有更新的组织者、实施者，如考虑运行行为对更新效果的重要作用，还应包括更新结果的利用者，三方行为缺一不可。就像拍照、摄影一样，所在的位置决定了行为主体观察和认识城市更新项目的基本角度，即"屁股指挥大脑"。城市更新所有的组织和实施都是为了利用，都应当把利用的需求作为行为目标。应当把利用者角度置于和组织者、实施者角度的平等地位，而不只是程序性、象征性地参与，提提想法、谈谈感受，只有这样，城市更新行为才能实现最佳结果。

相对于更新主体的行为，任何城市更新项目都包括了分别代表一方角度的三个基本板块：组织板块，包括更新意图策划、更新空间规划和人力资源筹划等；实施板块，包括更新设计、资金和物资等资源筹备、施工操作等；运行或使用板块，包括更新对象的权益人、使用者和获益者。

（1）组织方角度

包括各类组织或决策主体，多为政府或者企业，在自组织方式中则以个人为主。只要承担了更新组织者责任，在一般情况下，都立足于主体责任角度，在其责任内涵范围内追求综合效益、重视总体效果；在特殊情况下或条件制约时，重视实现主要更新目标和特定目标。如果其不尽责就会失职，当然也不应只局限于本身职责，而需要关顾和服从组织方以上层面的大局。

（2）实施方角度

包括参与到更新行为中的相关行业、企业、专业，具体都有各自的认识角度、规则角度、利益角度。作为实施方的角度，主要有以下几个共同的行为特点：

其任何行为（包括从行业、企业、专业角度的整体行为）都是更新项目任务的组成部分，都需要统筹整体与局部的关系。

其任何必要行为都是更新项目不可或缺的，多有各自的规则或规律，相互之间的相关独立行为都需要从系统角度协调、衔接。

其行为的主观目的是获得利润，客观效果应当产生相关、相应的效益。合理的利润应该得到支持，相应的效益应该得到肯定。

（3）使用方角度

包括各种使用者和权益人，其中使用者主要关注功能感受，权益人主要关注相关利益，例如公共权益代表者主要关注公共利益，自然人自然关注自身利益。其中，生活居住类更新行为的社会影响最为敏感。从居民角度，通常既是具体权益人，又是直接、日常环境使用者、住宅专用者，对功能效益和经济利益、住宅品质和住区环境都有诸多明确的诉求。生产类的更新行为最为复杂，一方面是门类和专业需求丰富多样，另一方面是生产及其技术的周期性与运行的持续性需要更新的适应性和灵活性。

意愿主导性、地位平等性、目标协调性，是城市更新行为主体的共性基本特点，相关行为主体角度需要彼此沟通、统筹兼顾，形成合力。从行为主体，尤其是组织方角度，总体上需要关注和理解城市发展的不平衡性、城市空间的非均质性、更新意愿的动态性、更新能力的差异性，以加强城市更新解决问题的针对性，促进发展的逻辑性，提高城市更新的工作效能、行动效率、行为效果。

2）行为客体角度

城市更新的行为客体即是行为作用的具体更新对象。不同于行为主体的"意愿主导性、地位平等性、目标协调性"等基本特点，行为客体的基本特点是：领域规律性、专业规则性、关系协调性。经济、环境、市场等不同领域各有发展的客观规律，需要认识和遵循；空间、交通、市政等不同专业各有自己的专业规则，必须得到遵守；行为客体的内外系统性影响关系，包括内容、规模、方式、水平乃至制式、规格等的协调，不宜片面地独善其身、闭门更新。一般需要考虑以下五个角度：

（1）功能角度

首先是更新对象自身功能的适应性，及其在城市功能系统中的目前状态和未来作用。其中，适应性一般属于判定是否更新的刚性条件，在系统中的目前状态多是弹性条件，未来作用属于更新的目标。

（2）工程角度

主要包括物体安全性和设施系统性两个方面。工程质量安全是选择留、改、拆等方式的最基本依据，某些条件下是一票否决性的依据。设施系统指各类城市市政设施系统，一般情况下主要关注城市交通系统，尤其是改变交通方式、明显增加机动交通流量和停车位的更新；系统协调、运行顺畅是任何更新都必须服从，同时也从中得益的大局。

（3）经济角度

经济自有客观规律，需要遵循基本规则，在城市更新中有一些常规性关注点，例如更新成本、更新利润、更新效益，更新经济方式的良性循环、更新路径的发展再生产等。经济角度与更新行为主体关系密切，不同主体各有侧重关注的内容和标准。通常情况下，对于更新成本，各种更新行为主体都会重视，产权方、责任方、出资方尤其会关注；对于更新利润，更新企业必然关注，利润是企业的生命；更新效益、更新与发展的关系，则是组织主体应当全面、慎重考虑的。

（4）社会角度

本质上属于行为主体的认识和行为角度，作为行为客体表述，是强调主体的认识或行为所产生的客观实际效果。宏观层面有公平正义的道德风尚、社会制度特质的形象反映，中观层面如有序、均衡、共享的城市面貌，微观层面有和谐、方便的居住环境氛围等。

（5）空间角度

作为一切物质和非物质的载体，包括可视空间和虽然常规不可视，但客观真实存在的各种内涵关系。诸如城市人口与空间资源、经济空间与社会空间、形式空间与功能空间、景观空间与效益空间、空间建设维护成本与空间竞争力，等等要素、诸多关系，都同时共存于同一个空间中。城市空间具有最全面的综合性，必然需要把统筹协调作为空间角度的最基本方法，把和谐有序作为空间角度的最根本目标，以统筹利用空间、协调利用效率。

城市规划的形式是对土地资源的配置、对土地利用的安排，其本质是对空间各种要素资源的配置、对各种相关资源关系的安排，其中最敏感的是对相关效益、利益的一种配置。

城市更新空间角度的基础是：以市民利益为本，结合行为客体特点，按照"适用、经济、绿色、美观"的要求，促进城市健康发展。总体上需要关注客体的差异性、协调性和动态性。

首先弄清差异性，对其状态的功能不适应、水平不平衡、发展不充分等进行评估，以选择更新的引发点和起点。

其次研究协调性，包括客体的自身功能协调、系统内外协调，形式与功能、品质与效能、意愿与可能的协调等，作为更新的要素、方式、效能和水平的确定依据。

还应关注动态性，一般可包括与更新任务相关的技术进步动态、后续更新动态和外部的相关更新、发展动态。

当今社会的科学技术快速进步，目前一些中等水平的技术都很可能即将被淘汰。更新需要关注相关技术领域的动态，并结合对该客体的后续更新计划和动态预估，以利于选择总体相宜的技术，动态保持先进性。

6. 更新焦点多样性

城市更新的客观内容和形式丰富多样，加之主观因素的影响，更新焦点更是类型繁多、关系复杂，一般都要就事论事地作针对性处理。从大量的更新实践来看，以下三类焦点普遍存在、难以回避，需要抓住共性特征，规范处理原则和操作规则。

1）利益调整焦点

利益调整焦点是最本质的焦点，工作内容最复杂。所有的更新都涉及原有利益的调整，应当按照正当、公平、规范的利益获取原则，始于责任，议在比例，规范公开。

按照产权责任的法定原则，应权利与责任相应，正确引导获利意愿。

按照公平正义的道德原则，应以相关成本为基础进行更新增值配置，包括促进社会公平、和谐的配置，也应当包括更新投资获益的配置。

按照公开透明的法治原则，应制定合理、可行的政策，规范实施操作的程序。

2）资金筹措焦点

资金筹措焦点是最基础的焦点，政策需求最复杂。更新没有资金的支持就无法进行，甚至无法起步。除了由家庭承担的自有住宅更新，由组织更新的资金筹措一般都牵涉到投融资政策。在当前投融资的宏观形势下，城市更新投资渠道客观存在，关键在于如何以政策调动投资的积极性，投资能够获利才有积极性。

按照效益逻辑，起于成本，议在责任，归于利润。需要对更新的成本和效益进行区别分析和综合评估，合理划分成本责任范围和效益责任内容；建立健全成本制度，合理完善成本机制；对更新投资制定基本利润政策，与更新融资政策相协调。

没有合理预期回报的城市更新项目很难吸引投资，按正常依赖不盈利的投融资政策会导致市场信号失真，城市更新资源就难以按照最有效的方式进行分配。

如果更新项目本身不具备财务可持续性，而需要如政府补贴等公共资源的支持，主要应用于促进社会公平，当然也需要考虑可用公共资源的支持能力。如果是用于一般性的改善更新项目，则应当考虑公共资源支持的普遍和持续能力，以保障同类更新项目之间的公平。

3）弹性区间焦点

弹性区间焦点是最难统一意志的焦点，协调技巧最复杂。具体利益与综合效益，价值导向与政策效果，公共利益与非公共利益，相关主体之间的利弊，保护、改造与新建，行为规范与通行做法，更新成本与更新品质，等等对应要素相互关联、相互影响，在很多情况下属于此消彼长性质的影响。

在这样的影响范围中，客观存在着程度不等的重叠、交叉、冲突等现象，难在如何取舍，重在"度"的把握。

影响范围中也存在着各种弹性区间，在这个区间的合理范围内，通过协调兼顾，有可能形成城市更新的统一意志；综合社会效益和经济技术考量，能够在合理弹性区间形成统一意志，也应该是切实可行的最佳效果。

处理弹性区间焦点问题，在经济社会方面应坚持公平公正，规范趋利避害；在品质水平方面需倡导绿色发展，量体裁衣、量力而行；在技术操作方面要因物、因地制宜，合理删繁就简，规范公开。

第二章　城市更新机制
——需求、动力、条件、动态

城市更新内涵丰富、关系复杂，需要分析、了解其内在机制，以利于加强更新理性、提高更新效能。以"绣花功夫"进行城市更新，不只是体现在"微更新、微改造""小规模、渐进式"等"绣花"的空间尺度方面，更重要的是要下"功夫"，首先就需要了解城市更新的内在机制。本章试对城市更新的需求、动力、条件和动态四种内在机制进行分析探讨。

一、需求机制

需求机制的本质是启动城市更新的理由逻辑，理解需求机制有助于明确为什么要进行城市更新，如何比较和选择补短板、保公平、促发展等目的，结合必要的物质更新，全面统筹和明确更新的目标及其相关政策导向，使城市更新能够针对切实需要、发挥更大作用、获得最佳效益。

1.城市更新的动因与作用

1）城市更新的动因

关于更新动因，有前述的动因特点等多种理解；以动因起缘区分，可以分为主动动因和被动动因两个大类。

（1）主动动因

主动动因源于更新主体的意愿，这种意愿大多来自于对宏观需求的评判，也包括对具体更新客体的评估；一般基于经济社会的发展需要，例如经济结构调整、产业转型升级、提升服务水平、改善环境品质、促进社会公平等，总体上属于弹性动因。

（2）被动动因

被动动因有客观被动和主观被动之分。其中，客观被动基于更新客体，即更新对象的现状，包括质量安全、功能效率等具有规范、标准的现状适应性，属于刚性动因；主观被动则是指对于更新客体现状在刚性动因的范围以外，其适应程度的评估反映的是更新主体对客体现状的接受程度，或者说进行更新的理由主要基于更新主体的意愿，典型的例如新旧程度、水平档次等，在一定的客观范围内和主体能力条件下，动因具有相应的弹性。

2）城市更新的作用

丰富的内涵意味着城市更新有多种作用，诸如，从功能角度出发的改善景观、优化功能、提升水平、保障公平等作用，从构成角度出发的点式改变、局部优化、系统提升、全面改善等作用。

从需求机制角度，可以把城市更新的作用分为以下四种：直接作用、间接作用、延伸作用、衍生作用。统筹兼顾这些机制作用，可以促进更新作用的优化。

（1）直接作用

主要体现在经济技术领域，作用于更新客体，如改善提升功能、设施、空间、景观、环境等。只要实施更新行为，就会获得相应的作用效果，属于基本性作用。当然，在物质投入相同的条件下，作用效果的大小、优次取决于相关非物质要素，典型的例如规划、设计的指导思想和创作水平。

（2）间接作用

主要体现在社会发展领域，作用于更新主体——产权或权益拥有者、更新客体的使用者，获得生活条件改善、生产条件提升、发展机会增加等作用效果。一般情况下，间接作用和直接作用是一体两面的并存关系；而且无因不果，直接作用是因，间接作用是果。须关注三点：一是如果直接作用总量是恒定基数，间接作用总量则是相对变数，需要通过相关努力以争取最大化、最优化；二是间接作用与直接作用的相应点和量往往不对应，有可能出现"有心栽花花不发，无心插柳柳成荫"的现象，需要进行效益、利益的协调；三是必须注意避免间接作用趋小化等负面影响发生，即更新主体没有从直接作用中获得合理效益，或者没有相应的获得感，例如老宅修好了但居民不愿日常居住，此地更新好而此人迁居了且没有获得相应改善，环境更新好了而居住秩序被干扰等。

（3）延伸作用

主要体现在产业发展领域，作用于更新客体的直接关联——提供更新物质需求和消耗的供应链、产业链。物质是更新的基础，这种延伸作用也是基础性的，而且是链条性的，只要有更新，就需要相应的商品、产品；反之，如果没有更新，那些产品、商品就没有这条路径，而只能重新找出路，甚至不会产生。城市更新的物质和品质等消费需求、绿色和公平等价值取向，对所有相关的商品供应和产品生产，乃至产业链的优化升级，都具有导向和促进作用。因此，延伸作用具有广泛的作用范围、重要的作用影响，是城市更新战略应予关注的基础性作用之一。

（4）衍生作用

城市更新在经济、社会、环境、技术等宽广的领域范围，都有，或者都可能产生作用，如刺激消费、繁荣市场、增加就业、促进公平、技术进步、绿色发展等。衍生作用的领域以规律性、自然性为主，但其作用范围的广度、深度，在很大程度上取决于人为，城市更新可以充分拓展、深入挖掘、合理利用。

因为直接、间接、延伸和衍生四种作用的存在，以及这四种作用的内在关系，城市更新的主观目的、主要目标与客观效果之间就很可能产生区别或偏差。因此在更新行为实施中，需要理性接纳中性的区别，冷静对待意外的惊喜，努力避免负面的尤其是方向性的偏差。其中延伸和衍生两种作用涉及许多城市更新行为以外的主体，城市更新的组织和实施应当考虑，也只是考虑为这些作用的发挥提供机会。

以需求为出发点、以作用为指向，重在总体目的和具体目标的统一，明确对象和对应方式的协调，城市更新便可以形成网络，长成"大树"；而对其"编织""修剪"，就需要充分发挥直接、间接、延伸和衍生四种作用，以使城市更新效果网络健全、枝繁叶茂。

2. 城市更新的需求

城市更新的需求也是内容丰富、关系复杂的。

在需求类型方面，例如企业、城市的发展等经济类需求，结构完善、习俗变化等社会类需求，住宅的建筑物理、设施品质等生活类需求，生态安全、景观品质等环境类需求，社会公平、扶弱济困等伦理道德需求，提质强能、品类淘汰等技术进步需求。所有这些需求都需要相应落实到具体的物体和城市空间，成为建筑更新、城市更新的综合需求。

在需求作用方面，应统筹更新对象的局部需要、相关功能和设施系统的系统协调，实现城市发展的全面提升，"促进生产、生活、生态功能动态平衡""促进各类产业发展动态平衡""促进各类人群构成动态平衡""促进物质文明与精神文明动态平衡""促进城市发展与城市治理动态平衡"[①]。

在城市更新需求的丰富内涵中，以下四个方面在城市更新的动因分析中是应予关注的。

1）需求领域

功能品质、运行效能等生产性需求领域，发展环境、社会公平等社会性需求领域，宜居环境、居住品质等生活性需求领域，不同领域在城市运行中各有系统作用。正确处理好领域关系，例如生产与生活、效率与公平、经济与环境等，是城市发展的战略性问题，也是城市更新战略应当认真研究、更新项目需要具体协调的重要策略。

不同领域各有需求特点，更新的迫切性和先后逻辑关系、更新成本、更新责任、资金渠道等方面的领域关系设计，直接影响更新动因的后续动态。领域关系有时甚至还是价值取向的一种反映，例如反映经济和环境领域关系的"两山论"，反映生产和生活领域关系的"先治坡""先治窝"等。

城市是一个完整的生命体，具体领域就是其中的一个系统。如同中医理论对人体系统关系的认识，生命体中的不同领域之间都有程度不等的关联性，整体的健康需要相关系统之间的协调、动态的顺畅。

---

① 范恒山，《人民要论：努力实现城市发展动态平衡》人民网，2018 年 3 月 1 日。文中小标题摘录。

建筑或场所的具体问题应当解决，但多不只是显于表面的疥癣之疾，成因有可能来自于系统。例如某处经营多年状态良好的茶室，觉得近年来营业额下滑是因室内装潢陈旧，但更新后仍未止跌回稳，实际上是因为当年的主流茶客多已退休老去，该服务区域现在的年轻人多喜欢咖啡或花果茶。再如笔者家附近一处农贸市场，入口左侧的烧腊铺面接二连三地更换店主和更新装修，直到换成糕点店才稳定下来。这是因为老顾客都清楚，入口右侧里面有一家烧腊品牌老店的铺面，左侧那家店打不了擂台就只能错位发展。

领域的系统问题才称得上"城市病"，必须促进城市各个领域的协调均衡，保持健康发展的动态，这应该成为城市更新动因最重要的出发点。

2）需求阶段

包括客体的更新需要阶段和主体的发展需求阶段。二者是同一方向的两个阶段，而不是同一方向的两个阶段。

客体可能有多种更新需要，主要取决于质量安全和使用功能（环境景观的视觉功能在特定条件下也是一种使用功能）两个要素的适应状态。可以分为两个阶段：刚性阶段，动因由相关标准、规范或客观规律决定；弹性阶段，动因受主体意志影响。

主体的发展需求也有多种，例如生产领域的增量、增效、提质、转产、转型，生活领域的有无、多少、舒适、宽裕、富裕，社会领域的先富、后富、共同富裕的良性循环，环境领域的绿地率、绿化覆盖率、绿容量、生物多样性、生态系统性，城市规模的增长、加快、快速、稳定、强能提质转型等，都有各自不同内容的需求阶段特点。

各种需求阶段的动因内涵、动力强弱和主动、被动性，对研判城市更新战略、选择更新目标、制定更新政策等诸多方面产生直接影响。

3）需求主体

一般可分为业主、企业、社会、政府四种类型。城市更新的动因，无论主动动因还是被动动因，都是发自需求主体，城市更新的行为视角主要就是基于主体的视角。因为趋利避害的本能客观存在，主体的视角往往趋向于自己的获利，基于某个主体的视角应当与其他相关主体的视角协调兼顾。

不同需求主体各有更新的具体需求和意愿，其需求的宏观与微观、刚性与弹性也多有差异。各个需求主体所应承担的更新责任需要合法、合规、合理，所能起到的主体作用宜合理整合、充分发挥；需求主体的构成及其特点，直接影响城市更新的组织方式和经济政策导向。

4）需求区别

动因来自需求，正确理解需求是准确判断动因的前提。此处表述的需求区别不是指需求内容及其量或质的区别，而是"需""求""需求"之间的内涵区别。通常使用的"需求"这个词，其中的"需"是指维持主体正常状态的基本需要、必不可少；"求"有两层意思，一是主观意愿，有可能超越基本需要，涉及心理满足层面，二是行为、行动，涉及需要和意愿能够实现的客观条件。

因此，考量城市更新的需求，使之成为城市更新的动因，应当考虑更新的客观需要、主观愿望和具有实现条件支持的需求三种内涵。此外，当然还应考虑相关主体的更新在需求程度、需求迫切性等方面的区别。可以借用三个成语分别点出需求区别的意义启示：雪中送炭、有求必应、有米之炊。

二、动力机制

城市更新动因产生后，随之需要相应的动力推进，以完成城市更新行为。以更新的客体与主体区分，可把城市更新的动力分为内在动力和外在动力，其中基于客体的属于内在动力，基于主体的属于外在动力。两种动力各有特点、相互关联。

1. 内在动力与外在动力

1）内在动力的基本特点

内在动力是更新客体之"需"，属于合理的客观需要。"合理"的范围或标准主要可从两个方面进行评判：一是客体自身状态，如安全、功能等现状情况与相关规范、标准的适应关系，不能适应的则必须更新，是最迫切的更新内在动力；二是客体相对状态，如品质水平、发展水平等与城市平均水平，或者与发展主体目标水平的比较关系，明显低于城市平均水平或者主体目标水平的则需要更新，以保持动态平衡，成为最主要的城市更新内在动力。对于合理的内在动力，宜顺应趋势而不可阻碍，因势利导而趋利避害。

2）外在动力的基本特点

外在动力是更新主体之"求"，指合理的主观期望。这种"合理"的范围也可以从两个方面进行评估：一是责任关系，即对于主观期望的更新的经济责任的承担，在合法合规的前提下，更新主体自担经济责任的更新动力一般都应鼓励支持；二是全局关系，即主观期望的与城市的系统、网络关系，任何局部期望都不应妨碍城市的系统功能、网络关系。因此，对于外在动力，总体上应当顺应内在、善加利用，并进行必要调节。

3）内外动力的关系

"唯物辩证法认为外因是变化的条件，内因是变化的根据，外因通过内因而起作用"[①]。城市更新中内外动力的关系也是根据与条件的关系。通常情况下，内在动力是更新行为的依据，外在动力是更新行为的条件。特定情况下，外在动力也可能成为改变内在动力的条件。如前文所述，外在动力的责任和全局两个方面的具体关系都有可能使客体相对状态的内在动力发生变化。例如，自担责任的更新的内容、水平等选择自由度能够使内在动力加大，对影响全局关系的要素进行调整也可能影响内在动力。

2. 内在动力

内在动力来自客观需要。究其构成，从要素性质角度包括物质性需要和非物质性需要，物质性需要往往产生于非物质性需要产生之前，自古就有"仓廪实而知礼节，衣食足而知荣辱"[②]的认知；从功能角度包括生产性需要和消费性需要，生产是前提，消费是目的，二者互为基础、相互作用。

生产从无到有，消费必须先"有"，因此生产性需要的动力是第一性的，而没有消费的生产就没有意义、不可持续。但消费的作用最终必须转化到发展生产中，否则坐吃山空式的消费也无法持续；而且生产大于消费才能积累，从而不断循环提高生产水平和消费水平。

城市更新是一次独立、单纯的改善提高行为，还是成为一条路径为城市提供可持续发展的动力，关键是生产性和消费性两种内在动力之间的相互转化能否形成紧密相关的良性循环、螺旋上

---

① 毛泽东，《矛盾论》。
② 司马迁，《史记·管晏列传》。

升的动态。

1）生产性需要

生产性需要是基础性需要，主要也是物质性需要，实体经济是经济社会持续发展的物质基础。党的二十大报告明确提出，"坚持把发展经济的着力点放在实体经济上"。没有物质基础，相关需要就无从谈起，因此生产性需要是首先应予关注和利用的更新动力。以下四种动力是生产性常态需要的主要类型。

（1）质量安全动力

人们耳熟能详的"安全第一"充分说明了这种动力的重要性和普遍性，其是城市更新最基本的动力。任何物体和物质都有符合自然规律和科学规则的正常适应期或适应状态，超出正常范围就会产生更新动力。如果不及时利用这种动力进行更新，原本积极的动力就会成为消极的压力，甚至可能变成负面的破坏力。例如建设于 20 世纪末期的建筑中开始出现的电梯失修、表层脱落、墙体渗水等质量安全问题，当前已不时见于报道。

（2）发展生产动力

如果说，在城市更新的多种动力中，生产性需求动力是第一性的，发展生产的动力就是最核心和最重要的动力。例如，应对进行供给侧结构性改革的时代要求，进行城市更新需求与投资的方向性和结构性调整；利用发展新质生产力的新类型、新结构、新产业、新模式，对城市现有相关设施、设备和城市空间进行适应性更新。

发展生产动力是城市持续发展、生活不断改善的前提动力，也是城市更新的能源性动力。城市更新利用发展生产动力，首先需要鼓励创新思维，研究、认识新质生产力发展的需要，对规划建设偏重物质空间、城市更新偏重生活居住的传统理念进行更新，加强经济、社会类专业性内涵支持；按照供给侧结构性改革的要求，在城市规划建设的技术、方法和标准、政策等各个相关方面进行更新和创新。

（3）调整升级动力

产业结构调整升级动力对生产的直接载体和相关载体的更新产生特定影响，调整升级的具体需要通常会对现有载体的功能、规模、容量、品质等提出更新要求。

点状的例如工厂、商店功能品质的更新需要，线状的例如快递、低空经济、电动车等交通、能源结构调整的更新需要，城市更新不仅要"兵来将挡、水来土掩"，更要未雨绸缪、系统服务。

特别是房地产业的结构调整、层次升级，不但涉及房地产业占国民经济的比重结构，还存在着商品房、经济适用房、保障房和高档房等政策结构，普通住宅、集体宿舍、公寓房、养老房、度假房等功能结构，国有（包括直管、自管、军产）、集体所有、私有、联营、涉外、有限产权等产权结构，中心区与边缘区、居住区与配套区等布局结构，套型的平面形式和面积规模等户型结构，公交优先区与小汽车优先区的通勤结构等。在存量消化和转化的更新过程中，需要调查具体现状，分析市场需求，理性梳理、精准调整，防止一拥而上，避免一哄而散。

（4）科技进步动力

包括城市各行各业在现状基础上的技术改造、提升、创新，及其生产组织、劳动分工、资源利用方式等变化、变革。其中的很多要素和因素，尤其是结果和成果，都有可能需要对城市和建筑等物质载体进行改变，从而产生城市更新的动力。

具有政策导向的新要求、新标准是最普遍、最强劲的科技进步动力。就城市更新自身领域而言，建设科技的"四新技术"，尤其是新要求、新设备、新材料等政策导向，能够普遍产生更新动力，大量激发更新需求。已经发生的例如提高抗震设防水平、改善建筑保温隔热性能等要求，以及不断进步的建筑节能技术和节能建筑部品等。

2）消费性需要

消费是生产的目的，没有恰当、适度的消费就无法使生产持续、健康地发展。

单纯、独立的城市更新行为只是一种消费行为。如果把城市更新作为日常、正常的一条发展路径，就应当研究、分析消费性需要及其作用，把握好生产与消费的相互关系，包括先后关系和比例关系，充分发挥消费与生产的相互促进作用，从而保持生产和消费的良性循环和可持续。

这种良性循环关系类似于多米诺骨牌效应，需要合适的相关尺寸、分量和空间关系，需要找准触发点和适当的辅助推动力。

消费性需要首先是物质类需要，也包括非物质、精神文化类等多方面的需要。以下三种类型的动力，是城市更新的消费性需要产生的主要动力。

（1）生活品质动力

美好生活是广大人民群众的普遍向往和常态追求，不断提高居民日常生活水平和城市的时代化品质，是城市更新最可靠的基础性动力。改善生活的常态追求、勤俭节约的传统美德、绿色生活的时代风尚，鼓励消费、拉动内需的促进作用，收支平衡、量力而行的基本原则等，都是城市更新合理利用这种动力所需要统筹兼顾的。

（2）社会结构变化动力

经过新中国成立以来的努力奋斗、几十年改革开放的快速发展，特别是进入 21 世纪以来，现代社会已经产生了巨变，并正处于发展转型升级、城市提质强能的一个多变时代。在城市层面发生，从而产生更新动力的主要变化例如：家庭户均人口数量降低、生活水平显著提升、家用设备不断新增和更新，带来住房户型和品质需求的改变；老龄人口比重不断加大，养老方式多样化发展，相关配套设施需求随之产生变化；供给侧结构性改革、新型产业和新质生产力的发展等引起的工作岗位的技能需求变化常常带来居住地和通勤的变化；人口出生率持续下降，职业教育、岗位培训需求增加，使教育设施结构及其规模和空间布局产生变化等。

（3）文化变迁动力

居住方式、生活习俗、休憩娱乐等方面的物质性变化，使社会文化风尚从量变到质变地发生变迁，实质上是价值观、审美观的改变。其过程一般都有创新和效仿传播两个阶段，创新阶段的作用是启动变迁的动力源，效仿传播阶段属于动力作用阶段。

有意义的文化内容更容易被接受，适应性较强的传播方式更便于推广。城市更新利用这种动力的关键，首先在于对文化发展趋势的判断，在此基础上，选择对形成更新路径有积极意义、社会普遍能适应的方式及其内容进行创新，不断完善形成易效仿的更新经济技术路线。对具体城市而言，创新重在形成城市特色，效仿能够加强城市特色；但如果没有自己的创新而单纯地旁效博仿，就只会改变城市的本色，而在不知不觉中落入千城一面的行列。

3. 外在动力

外在动力主要是更新直接主体的主观意愿，以及其他相关要素、因素。外在动力基于内在动力发挥作用，在合理范围内和合适条件下，外在动力也可以使内在动力发生改变。所谓"合理"是能够得到普遍认可才能称之为"理"，因此覆盖的范围一般可以较为广泛；"合适"的条件则较为具体，往往需要因地制宜、因物制宜进行判别，因人制宜进行评估。

城市更新中典型的例如新标准的发布、新要求的提出，都能够使一批新内容进入必须更新的范围，从而产生或增大了内在动力。结合具体对象更新的作用、成本和效益，业主的机会、能力和意愿等实际条件，很可能在更新的程度、方式、时间等诸多方面出现多样化选择。而不合理、不合适的外力则不太可能引起内在动力的"共振"。

按照更新主体的特点，外在动力可以分为五种，其中"改善效能""经济利益""综合效益"都属于直接主体（包括直接组织主体）动力，"更新制度"包括直接和间接两种主体动力，"供给动力"属于间接主体（市场）动力。这里区别直接和间接，意指"直接"与需求相关，"间接"一般通过"直接"与需求相关，更需要关注需求的实际情况、内在关系。

1）改善效能动力

城市的各种更新总会带来形形色色、程度不等的改善，对美好生活的向往心理决定了改善效能动力的普遍性和恒在性。这种动力的产生以提升具体对象的使用、利用效能为主，一般不发生、不考量更新行为自身的直接经济效益，而是综合效益的累积。

普遍、恒在的改善效能动力，其强弱与更新的责任属性密切相关，尤其与经济责任直接相关。也可以说，改善效能动力首先来自于产权方、责任方，包括个人、企业、政府等各类产权主体、责任主体；主要作用于权益或责任范围内的更新，产权权益决定了这种动力以自主更新为主。非产权方的改善意愿对这种动力有直接影响，当意愿上升为公共利益时，例如对滞后地段的更新计划和行动，就可能形成促进产权方自主更新的强大动力。

自主更新动力主要取决于需求的程度、迫切性和更新的作用。生活性自主更新动力的强弱取决于承担更新费用的能力、这种能力与需要承担的相关责任的协调性，以及这种能力的可持续性。而生产性自主更新动力的强弱，不但受更新成本承担能力的影响，更新对生产的作用及其所能带来的经济效益更是产生更新动力的关键依据。

改善效能动力是城市更新的基本动力，其中的自主更新动力是城市更新动力的重要组成，进行城市更新组织应当关注启发、善加利用。

2）经济利益动力

经济是基础，经济利益是各种利益的基础，包括直接经济利益和间接经济利益。经济利益动力是城市更新的核心动力，同样可分为直接经济利益动力和间接经济利益动力。两种动力各有特点，其中前者是基础动力，后者属于辅助动力，通常基于前者才能发挥作用。

追求直接经济利益是企业的基本属性，直接经济利益动力取决于一次独立的更新行为本身能否获利，动力的强弱取决于利润的大小。不能获得利润的更新属于简单再生产，如果能够形成动力，主要是因为企业维持基本运行或社会就业的需要，不可能正常采用市场方式形成动力，而必须通过相应的政策进行补贴、补偿，或者与能够获利的项目进行平衡整合。

间接经济利益动力来自于独立的更新行为本身以外的因素，主要包括企业形象、社会影响力等转化而成的经济利益，一般不易量化测算，但是客观存在且可以累积。没有直接经济利益则只能成为社会公益性更新行为。市场行为中的间接经济利益动力离不开直接经济利益基础，但在一定条件下，对城市更新行为有可能起到促成作用。

3）综合效益动力

综合效益可以是最全面和最立体的，综合内容包括领域属性、空间范围和时间跨度，其全面性取决于具体综合的要素、因素与相关要素、因素的比重。此处综合效益在时间跨度上只包括明朗的和可以明确测算的短期效益。

综合效益动力来自于责任需要和其他介意综合效益的主体。城市更新中的一般决策从方法角度普遍都具有一定的综合性，即使家居和住宅更新，也会综合考虑家庭整体舒适性、不同成员的需求、档次与社会水平，定居、迁居或出租、出售及其时段，所在楼宇、住区的条件和要求等。企业生产关系同样需要考虑综合效益。因此，综合效益动力在更新主体中普遍存在，但主体责任属性和更新角度的不同决定了综合效益的内涵区别。

城市规划建设管理工作领域通常关注的综合效益是经济、社会、环境的综合效益，发展、公平、稳定的综合效益，法规、规则、创新的综合效益等，当然也是政府组织的城市更新的综合效益。贯彻落实创新、协调、绿色、开放、共享的新发展理念，促进生产、生活、生态"三生融合"，都是代表公共利益的城市更新主体所追求的综合效益。因为城市更新中的综合效益动力主要来自于代表城市公共利益的更新主体，综合效益动力也是最强大的城市更新动力。

4）更新制度动力

制度是在特定领域中，根据某些自然规律、人为规则，在一定历史条件下形成的法规、规范，"没有规矩、不成方圆"形象地说明了制度的重要性。制度不但具有规范性，同时也具有两面性，例如鼓励性的推力和约束性的阻力两种作用力等。城市更新需要积极寻求和利用推力，合理规范和利用阻力，善加引导使之融合成为同一个方向的制度动力。

对城市更新产生重要影响的有多种制度动力，其中影响最为直接的一般有技术、社会、经济、产权四类，其动力影响作用各有不同。

例如，技术类制度决定物体或物质类对象和内容的刚性更新要求，社会类制度明确社会公平的保障底线和公共服务等更新内容及其范围，产权类制度决定更新的责任和权益等直接影响更新成本的经济关系，经济类制度决定基本利润率和补贴标准等影响更新实施行为的直接利益。

底线提高必然使更新动力增强，但也有可能加大阻力。例如刚性技术要求既可以提高更新质量，也可能增加更新难度，有时甚至成为阻力，因此需要合理规范和利用刚性要求，引导阻力转化成为动力，或者利用阻力把方向不同的动力汇聚成合力。

支撑动力需要能源，必须考虑动力与能量的关系。城市更新制度需要统筹相关动力、阻力和能量，协调形成良性循环关系。其中，能量的激发和汇聚最为基本，有持续的能量才能保持动力的持续和作用；没有能量，动力就只是一种意愿，只能"蠢蠢欲动"。

制度必须是合理的、具有公共说服力的，并且是符合客观规律和实际情况、可行的，否则就不易产生动力；其实施应该是公开、透明的，否则就容易影响制度作用的发挥而致动力变形。

5）供给动力

指由供给侧引起的城市更新动力，也可以理解为激发力、吸引力、润滑剂，对于拓展更新需求、集聚更新资源、化解更新阻力等，都具有积极的影响作用。

例如，结合新质生产力的成果和低碳绿色的发展理念，创新消费供给的内容、形式和水平，激发城市社会的更新需求，新能源汽车、高效方便的民用太阳能装置等都能够引起链式反应的更新。调节更新的社会经济政策供给中，合理的责任分担和企业利润比例可以更有效地吸引社会资金参与更新市场行为。其他如相关管理制度供给的适时性、更新技术规范的适应性、更新物资特质的适用性等，直接影响更新行为实施的顺利程度；以实事求是为城市更新服务的管理制度原则，形成通畅的实施路径，能够降低更新的时间成本、社会成本和经济成本。

供给动力首先在于"供得出"。生活性和生产性消费的内容、形式、水平等的提升都是供给动力的组成部分，而在这些方面的创新更加能够形成强大的供给动力。

在各种城市更新行为中，产权自主更新的供给动力主要在于动力渠道的"供得出"；而集中组织更新往往更加侧重于提供发展条件、改善发展环境、促进社会公平等公共利益，一般情况下无法直接回收经济成本，其供给动力关键在于更新资源的"供得起"。

4.动力的合成

城市更新的多种动力各有产生依据和作用特点，其中有同向关系，也有异向乃至反向关系；有叠加关系，也有替代关系；有可用数据表达的关系，也有只能概念表述的关系，在城市更新中需要具体分析，以求形成最佳合力。

对于内在动力的更新客体之"需"、外在动力的更新主体之"求"，有需不求、求小于需，都不能充分利用动力，甚至影响更新客体正常作用的发挥；如果求大于需、内在动力不足则难以实现目标，或者在总体效益作用上就要增加"求"的成本。此类情况下，内外动力的合成需要解决更新的适时与适度，主要属于技术领域和技术性问题。

生产性需要的第一性动力与消费性需要的目标性动力之间，需要正确处理生活与生产的关系。生活与生产是城市生命体的一体两面，动力有节点的秩序而无原点的先后，重在两种动力之间的协调平衡、良性循环、螺旋上升。生产性更新服务日常生活与生活性更新促进生产发展，如何形成协调平衡、循环提升的最佳合力，主要属于决策领域和战略性问题。

改善效能的基本动力、经济利益的核心动力、综合效益的最强动力、更新制度的保障动力、供给体系的辅助动力，分别来自于代表特定利益的主体，动力的合成必然涉及相关主体利益的调整。此类动力合成主要属于政策性、体系性问题，是城市更新中最复杂，也无可回避的问题；尤其是基本、核心、最强三种动力的合成，几乎所有的城市更新项目都会面临其选择问题。

城市发展是城市更新的整体动力，是同舟共济、共享成果的动力，因此是统领性的、其他动力都应当融入或服从的动力，贵在发展动力的开创，重在正确的方向引导和总体的动态均衡。其他相关均衡是城市更新的局部动力，而局部动力同时也有可能是其他局部的制约力；特别是如果存在扶助资源配置不均衡、难持续，一定空间范围内市场资源有限等竞争性条件下，先得扶助、先成功者意味着得到发展先机，很可能取得先发优势。

三、条件机制

完成城市更新行为，达到理想的预期效果，必须具备相应的条件。例如，城市更新行为单纯作为一个改善行动，对其成本可按照承担能力明确限定；作为一条提升路径，需要承担能力有可持续的条件才能保证道路的畅通；作为一种发展方式，则不仅需要保障社会公平的承担能力条件，还必须使城市更新行为的经济效益能够自我良性循环，实现扩大再生产。因此，确定更新的目的、目标和内容、档次等，都必须考虑其相应的需求条件。

下面对需求、制约和影响三类条件进行分析。

1.需求条件

需求有刚性和弹性，引起城市更新的需求条件也有刚性、弹性之分；刚性需求的条件中可能有弹性的，弹性需求的条件中也可能有刚性的。刚性条件一般都有明确的标准、规定或标志，弹性条件则多有合理的选择范围。

1）刚性条件

主要属于客观需求，例如功能、景观或综合等客观状况，不能适应生活生产基本所需、城市正常运行要求、时代水平道德风尚等。单纯的主观不满意本属于弹性需求，但如果具备相应经济条件，且不妨碍系统和全局关系，尤其在自组织方式中，强烈的主观意志也可能或可以成为引起城市更新的刚性需要。例如房屋虽然陈旧但没有安全隐患，也不影响正常使用，此时是否更新就取决于主观意愿。

考虑更新项目的启动，刚性不适应内容更新的启动时间或时机也有刚性、弹性之分，其中已经影响质量安全、不符合相关强制性标准内容的更新，都具有尽快更新的刚性时间需求。

（1）更新对象主体的软硬件存在问题

常见内容例如质量安全、使用效能，强制性标准、淘汰或禁用类型、社会公平的底线水平等。主要问题可分为三个方面：物体自身问题、刚性标准问题、参照系问题。一般都是更新时间越早越好，其中物体自身问题是根本问题。

（2）社会变化演进中产生的问题

城市作为复杂系统综合体，社会是其本质。相对于较为稳定的物质，社会则处于不断的变化演进之中；尤其是经历了或者正处于发展较快的时期，即使是较新的物质，也有可能不适应已经变化了的社会。因此社会变化因素是城市更新最广泛、最经常的持续需求，也是城市更新推进现代化的重要需求。

社会变化有多种内涵和形式，例如日常生活需求、社会文化习俗、城市发展阶段等变化，更新客体的内部系统参照、外部环境比较等变化，其中最基本、最本质的是人口结构的变化。家庭人口结构的核心化、小型化，单人、单亲、丁克等家庭的多样化；社会人口结构的老龄化，外来人口占总人口的比重结构；已经较普遍出现的郊区度假、异城通勤的流动人口结构等，这些结构的变化都会直接导致住房类型、社区服务、公共服务、特定服务等一系列需求随之发生变化。

从城市健康、高效运行角度看，在社会变化引起的广泛更新需求中，很多应属于刚性性质，但其更新的时间需求则是以弹性性质为主：这事肯定得做，啥时做可以商量。当然时间弹性也有合理范围，久拖不决就会变成刚性。

2）弹性条件

城市更新的弹性需求基本上都属于主观意愿的需求，可以分为改善提升需求和发展需求两大类。

（1）改善提升需求

改善提升的更新主要是生活居住类的更新，由于业主的生活水平或习惯偏好，除了社会保障等刚性需求范围以外，常常自主发生。在对刚性需求进行成片组织的更新中，为了方便整体安排，也经常混合有弹性需求。

（2）发展需求

发展需求的更新主要可分两类：一是具有明确产权类的生产条件更新，二是公共产权类的相关设施和环境的更新。组织渠道的城市更新主要针对公共产权类的各种需求和服务于产权类发展的间接需求，其弹性的本质是如何处理生活与生产的关系。

城市更新弹性需求既包括更新内容和范围的弹性，也包括更新水平的弹性。特别是发展需求，在发展方式、战略、路径等宏观性、战略性的城市更新决策中，在更新的内容、范围和水平等方面有非常广阔的空间和非常丰富的选择。多样性伴生复杂性，因此发展类的城市更新弹性需求是城市更新中作用最大、难度也最大的问题，需要开阔长远的视野、开放创新的思维、认真谨慎的态度；特别对公共需求类的更新，应坚持可持续发展的效益导向，采用符合国家建设方针的方法。

2. 制约条件

制约条件反映进行城市更新的客观可能性，通常包括不动产产权权益、更新利益配置、更新资源组织等相关条件。在已经具备需求条件的情况下，制约条件成为城市更新能否启动的重要条件。其中除了城市的系统和全局需求，相关法律和技术规范、产业政策等有可能产生的宏观性制约，对于具体更新项目，最基本也是最核心的制约条件有两种：成本制约和利益制约。

（1）成本制约

对于更新行为本身而言，成本与更新效果相应，主要对更新档次普遍产生制约，对某些更新内容和特定更新范围也有可能产生制约。

要克服或者消除这种制约，需要量入为出，针对性地调整更新的标准、内容或范围；通过优秀、出色的经济社会策划、建设规划设计或实施组织管理，以相同成本获得优于寻常的更新效果。

要克服或者消除这种制约，基本理念就是准确、全面地认识城市更新的意义和作用，破除城市更新只是修旧利废、促进公平的一种社会福利的狭隘观念，精打细算地充分发挥公共资源的促进持续发展、保障公共利益、维护社会公平等全面作用。

要克服或者消除这种制约，根本措施就是更新主体应当按照法定权益和责任合理承担更新成本，以促进、加强更新成本控制与监督，"花自己的钱、办自己的事"，理所当然就要考虑"一是花得起、二是花得值"。

实施主体有两大类：市场性主体和公共利益主体。对于更新行为实施主体而言，成本与盈利直接相关，成本的制约影响不在于成本的高低，而取决于盈利与否及其比率。

市场性主体的盈利问题十分明确，"无利不起早"是市场的天性；行为能否盈利主要靠企业自身努力，而规则是否盈利重在成本计算。从社会主义市场经济的基本规则和城市更新正常、可持续进行的角度，企业的社会责任和公共义务不应与成本问题捆绑。对于促进社会公平等公共利益所必需的，但不可能在项目系统内回收的更新投入，都不应纳入市场系统的成本；在合理计算成本的基础上，明确合理基本利润，对于市场性实施主体就不存在成本制约问题。

公共利益主体的盈利问题不同于市场主体，主要矛盾不是成本的计算，而在利益的估算。因为公共利益的综合性、模糊性比市场性盈利问题复杂得多，加上易流失、分散性[①]，"前人栽树，后人乘凉"等因素，对于公共利益主体实施的城市更新项目盈利如何进行评估，还有待于专门的研究。

（2）利益制约

相对于成本制约的影响，利益制约具有更强烈、更普遍的刚性，更新资源组织制约的本质主要也受利益制约的影响。

产权权益是法定利益，都是刚性制约，城市更新必须保障合法权益。产权人或利害相关人在合法权益以外的利益诉求，都属于弹性制约，在实践中也常成为重要的制约因素，往往需要根据更新项目的具体情况，一事一议甚至一事一策，付出较多的工作成本和时间成本，而时间成本经常涉及投融资成本，从而转变为经济成本。

公共利益以综合效益优先，但也必须以经济效益为基础，没有合理、可靠经济效益的综合效益不可能持续。如果只把城市更新作为一种改善生活的福利，不讲究更新的经济效益，那么城市更新就只能在公共资源供给能力的范围内进行，而难以形成城市更新良性循环机制，无法成为可持续发展方式的城市更新路径。

更新资源组织受利益制约影响主要有两种资源：更新资金、

---

① 因公共设施或地段进行公共投资而使周边各种不动产权增值，由此而产生的社会公平作用，在城市更新中是需要研究的重要政策问题。

更新用地。

公益性更新资金的组织主要考虑社会效益和资金支持能力，一般只有资金投入规模制约，对于利益制约问题不太敏感。市场性更新资金组织的利益制约在于利润，消除制约的有效办法是在明确成本构成的基础上以制度保障同期、同业合理的基本利润率。

更新用地组织的制约主要有不动产权和地物品质两种。其中，不动产权有属性和类型等区别，地物品质有更新需求的刚性和弹性，特别是留、改、拆、建的不同比例之分，对其进行整合涉及诸多法律法规。还有特点不同的各种产权人，相关意愿的整合涉及诸多利益的调整。在整合的过程中随时随地都有可能出现制约因素，形成梗阻，并有可能成为组织方案甚至更新项目的否决性制约。

3. 影响条件

任何城市更新，包括居民住户的自主更新，都会对城市产生明显的或者难以察觉但真实存在的影响。有组织的更新、重要公共设施和生产设施的更新对城市的影响作用大，更需要考虑系统性、全局性影响；反之，这些影响就成为对城市更新及其具体项目的影响条件，同样也包括刚性和弹性两类影响条件。

因此，影响条件的范围应与影响内容相应，与更新影响没有明确关系的内容不宜作为影响条件，以免对城市更新产生本可避免的制约。城市更新实践中，通常都需考虑，或多有可能遇到的影响条件主要有以下四个方面。

1）相关人的利益和意愿

相关人指与更新的产权、利害等影响相关者，具体事物的相关者一般都有法律定义。城市更新中，产权相关人通常比较明确，其他利害相关人多是在更新对象周边或附近，有时虽然没有法定权益，但其意愿对更新常有可能产生直接的影响作用，必须予以重视。

例如某省会城市一条著名河流的沿河公共绿地更新，原规划为市级风景旅游干线廊道，结合河面游船和沿河两岸历史文化，配套旅游和相关公共服务设施。但其中某地段绿地外侧地区的部分居民认为该规划影响其居住环境，并强烈表达意愿，结果使原规划修改为沿线居民散步、休憩场所。这个案例反映了在城市更新中，公共利益与其他利益、全局利益与局部利益的博弈，发展生产与改善生活的选择，坚持规划意图与保持社会稳定的协调。

2）城市更新规划和相关规划

城市规划是建设的基本依据，决定了城市运行、治理的基本框架。"规划科学是最大的效益，规划失误是最大的浪费，规划折腾是最大的忌讳"[①]的论断精辟地指出了规划的重要性，也警示了具体规划的作用可能存在多面性。

城市更新规划是城市规划的类型之一，在当前的发展转型期已经成为城市规划的一种主要类型，也是与人民群众切身利益的关系最密切、最直接，日常需要最多的规划类型。其他相关规划往往以城市更新规划为平台、渠道，或者与城市更新规划共同发挥作用。因此，城市更新规划更要加强与相关规划的统筹协调，尽量避免折腾，努力减少失误，争取最佳效益。

因为城市更新涉及相关要素和因素的多样性、更新相关关系的复杂性、更新作用客观影响的多面性，特别是直接面对相关个

---

① 习近平总书记 2014 年在北京市视察工作时提出。

人、产权和建（构）筑物的具体性，在不动产权、个人意愿、工程质量等许多方面，都有可能随机出现传统城市规划中不常出现的影响。因此，城市更新规划的现状调研、基础协调和公众参与、基层协调应当得到高度重视，上述沿河公共绿地规划实施中发生变更的案例也说明城市更新规划的公众参与一定要到位、及时。

3）制度

制度包括相关法律、法规、管理规章、技术规定和规范等。一般情况下，制度总是在经过大量前期实践的基础上，结合对今后的预测形成的。这类预测通常带有前期实践的惯性影响，并因立法的复杂性、长时间而难免存在一定的滞后性。特别是进入城市发展条件变化、目标提升、方式转型的阶段，通过过去实践建立的原有系列制度，必然会因为新的条件、目标、方式等发展需求的变化，而出现种种不适应、不适用，如果不能及时正确、灵活地应对，就可能产生负面影响。

从城市规划建设角度，更新阶段与新建阶段的制度区别主要包括法律方面的产权权益、经济方面的建设利润、社会方面的利益配置、规划方面的现状整合、工程方面的新旧关系等。这些不同发展阶段的区别，都需要通过完善现有制度，尽力保持制度的正面作用，尽量减少和消除负面影响，尽快形成适应城市更新相应阶段的规划建设系列制度。

4）平衡与均衡

平衡多指局部、静态的等量或相等，均衡强调整体、动态维持和稳定性，一字之差，词义不同，作用各异。

如同生命体的复杂性和功能多样性是源于其内部的非均质结构和动态变化，城市的结构、功能和品质通常也都表现为多层次、多维度的复杂性和有序性。城市更新就是通过不断的局部动态平衡，实现城市的整体持续均衡。

均质的城市生命体和严格意义上的"均好性"是不存在的，城市更新是循环往复、螺旋上升的过程，随城市生命体的存在而始终客观存在更新需求。城市更新就是在不平衡、不充分中发现机遇、选择任务，直接作用是获得局部平衡，间接目标是保证整体均衡。以不断促进局部的平衡和充分、保持动态平衡，实现整体均衡、持续发展，作用与目标之间应保持过程的动态平衡。

因此，城市更新规划应当坚持目标方向和基本原则的稳定、持续，同时对于具体更新组织保持必要的动态灵活性，特别应当重视更新规划的实施可行性，针对城市更新影响条件的特点，给实施行为和基层协调留下合理而必要的空间。这种合理而必要的空间不但是提高规划实施可行性的条件，也有利于克服组织方式集中资源，但较易产生单调的弊病，最终应形成各具特色的平衡状态和生机蓬勃的均衡关系。

4. 条件的敏感性

与城市更新相关的条件复杂多样、作用各异，弄清楚具体条件的敏感性，有利于抓住重点、把握好更新行为的方向，针对难点找准发力点，促使更新行为顺利进展。以下三种敏感性是首先需要关注的，对其正负面影响作用当然也要趋利避害。

1）属性的敏感性

属性指条件的类别及其范围，其敏感性相对简单、明确，总体上可以分为刚性和弹性。例如工程质量等安全条件、历史文化等保护条件、社会公平等底线条件，都有相应的法规、政策或技术规范。其中明确的刚性要求必须遵守，明确的弹性范围或者刚性以外的范围则往往是博弈、协调的重点，宜让市场"法无禁止即可为"①，也是更新探索和开拓创新的空间。

2）权属的敏感性

城市更新中的权属敏感性主要体现在不动产权方面。不动产权有多种类型，例如公、私产，国有、集体、企业、个人产权，单一、复数、复合、特殊权属状态，包括未完善征转手续用地、历史遗留问题用地等；不动产权证中房屋的政策类型目前有八种，包括商品房、集资房、房改房、小产权房、经适房、公租房、廉租房、安置房。还有建立在不动产权基础上的所有权，包括专有和共有，使用权也有专用和共用，以及收益权等。

权属敏感性的许多因素都可能在城市更新的相关领域中产生作用不同和程度不等的影响。更新实践中常见的例如：规划与建筑的合规性、安全性，不同产权和房屋政策属性的类型特点，产权的清晰和瑕疵，土地使用权及其剩余年限，税费类别和遗留问题，优先购买权、居住权，市场变化、规划调整等法律与政策方面的风险。

这些因素都有可能直接影响房屋的市场价值和使用价值，建筑的留、改、拆和居住人口的出入迁移，进而影响城市更新的相关选择和决策。在研究编制城市更新具体项目的规划和制定实施计划时，做好敏感性分析可以帮助判别和评估哪些因素可能对更新目标存在何种影响，从而采取适当的预防和应对措施。

3）利害的敏感性

"祸与福同门，利与害为邻"②。一般情况下，利害总是相对并

---

① 2014年3月13日上午，十二届全国人大二次会议闭幕，国务院总理李克强在人民大会堂答记者问时提出。

② 刘安，《淮南子·人间训》。

存的。城市更新中也普遍存在着不同角度、不同程度的利与害，需要对其敏感性进行分析，以判别哪些因素对更新实施的行为和效果产生什么影响，评估相关因素如何变化和由此可能导致的利害优化调整，进行利害风险评估以选择相应对策措施。

城市更新中的利害关系随处可见、随时发生，进行敏感性分析以趋利避害，一般主要考虑以下五个方面。

一是利害角度，从合法、合理、合情的不同角度，利害的范围有所区别；从经济与社会的不同角度，利害的标准各有差异，甚至此消彼长；效率与公平的关系是古今中外的永恒话题，因此利害的角度是进行敏感性分析最基本、最敏感的角度。

二是利害属性，城市更新中的公共利益和集体、个人利益通常交织并存、紧密难分；集体和个人权益主体都十分具体，利害的敏感性更高，公共利益则多因相对抽象而需要更多关注。城市更新实践中，因为工作职责、信息获取和理解能力等特点，公共利益的敏感性往往在规划编制阶段就会着重体现，集体和个人利害的敏感性则多在实施阶段显现，而且必定出现。这种现象也说明，更新规划编制阶段的公众参与一定要具体、到位、及时，以利于规划实施的顺畅。

三是利害关联，城市更新行为总体上都是有利的，但也会带来某些不利影响，例如对于生活改善与绿色低碳的关联，需要把握好碳足迹与碳利用效率的利害关系。

四是利害重点，例如更新主体与更新利害有直接关系，因为其具有法定权益而肯定能从更新中获利，其敏感重点主要是利害关系的比较；更新相关主体多是间接关系，不一定具有法定权益，其敏感重点更加关注其他主体的更新行为和效果可能给己方带来的不利甚至是"害"。

五是利害大小，包括总体的利与害的占比及平衡点、相关主体的获得份额及其可接受程度。

对实施的敏感性分析还应注意考虑多因素同时或联动变化的影响。现实中很少有单一因素孤立变动，初始的独立变动总是会产生变动影响。这种影响可能是衰减式的，也有可能是多米诺骨牌式，甚至是链式反应。因此进行敏感性分析需要弄清敏感点的来龙去脉，最重要的作用就是防范结果风险；应慎重选择原点，找准优化方向，合理确定变动范围，避免极端情况发生。

5. 更新条件的主要类别以及与新建的主要区别

"不讲条件"是落实决策的一种胸怀和勇气，"讲条件"是进行科学决策必须具有的态度和方法。城市更新需要以实事求是的精神，在客观条件的基础上开拓创新。

城市更新需要考量的主要条件可以分为以下五个方面。

1）现状条件

城市的更新与新建都是从现状开始，但二者的现状条件大有区别。

对于建设用地的空间完整度和功能单纯性、相关市政基础设施的空白性和制约性、生态环境的宜居性和文化环境的记忆性、交通网络的有无等方面，更新与新建都面临着性质或程度不同的条件，但基本上都可以通过城市规划建设传统、成熟的经济技术路径，采用不同的技术措施解决。

而在建筑、居民、社会网络、市场网络，特别是在不动产权方面，更新与新建的现状条件则有很多本质性区别。城市更新的主要对象首先是现状建筑，城市更新"以人为本"首先是以居民为本；城市更新需要采用"织补方法""绣花功夫"，主要就体现在深入理解和恰当运用这些现状条件方面。

一座建筑的新建是"从无到有"，一张白纸可画最新、最美的图画，对于有什么和怎么有，新建相对主动。更新是"从有到好"，这个"有"是相对于新建的"无"，如果此"有"等于彼"无"，那就等同于新建了。应该如何修缮、更新，取决于建筑现状在质量安全、功能效率以及视觉效果等方面的适应度；作出留、改、拆等更新方式判断，首先必须立足于建筑自身的工程现状条件、业主或使用者对功能效率的评价。

关于现状中的居民问题，城市更新与新建的区别尤其复杂，通常情况下可能是更新与新建的最重要、最本质的区别。从表面现象来看，新建用地范围内原有居民通常较少，甚至没有，主要采取拆迁安置方法解决问题；更新是在现状建成区，主要是老旧城区进行，往往人口密集，一般不可能、不提倡全部迁移安置，而需要边生活生产边更新，拆迁和部分改造必须迁移的人口中还有回迁率的问题。从显性作用和影响来看，新建会改变城市空间，随着城市空间的变化同时新增就业岗位和人口；更新是在现状就业岗位和人口的基础上提升城市功能，完善城市社会。

由建筑和居民的分布而形成的社会网络、通勤通学网络、市场网络等社会关系，必然随着建筑和居民的改变而相应产生变化，需要对这些相关现状了然于胸，以便在更新规划中将其作为保持社会稳定的资源适当地结合利用；大数据分析技术是进行宏观性决策的常用方法，而多样化、个性化的城市特色往往取决于小数据，需要结合更新目标设计进行针对性的引导。

新建行为完成后才能获得不动产权，更新是在现有产权基础上的行为，或者说是对现有产权的品质和含金量的更新。城市更新与新建最重要的区别就是不动产权以及由此而来的一系列相关问题。一般情况下必定存在的主要问题例如：产权类型的多样性伴随相关政策的差异性，权益人的个性化需求产生更新意愿的多样性，更新范围内产权的分散带来整合的复杂性，更新前的产权存在带来更新利益配置的敏感性。

仅以笔者亲历的一个多层住宅组团加装电梯的案例为例，三层以上住户加装意愿较为一致，底层住户基本反对；老年人、常住户希望加装，年轻人、过渡住户无所谓；已经自理不便的老人准备去养老机构，已有换房意向的住户事不关己、都不参与。五栋楼中，最后只有某单位员工集中购买居住的和沿街开店日常需要搬运货物的商住楼两栋实施成功。仅仅是更新意愿多样性带来的复杂性即已如此，不动产权对更新复杂、敏感的影响可见一斑。

2）经济条件

新建和更新都离不开相应的经济条件，但二者的经济条件特点有不少区别。

传统新建中政府组织建设内容基本都是交通、市政等公用设施，绿地、环境等公益设施和非营利性公共设施等属于公共产权的"三公设施"，公共财政责任明确，以增量为主要方式解决有无问题，对于明确的建设任务和来源、规模确定的资金组织建设活动，完成预定任务即可。经济问题多有专业、行业、企业从事专门研究，进行具体谋划。

因为"从有到好"与"从无到有"、产权责任与公共责任等基本区别，城市更新的组织比新建组织需要考虑的经济问题复杂得多。首先应当将经济问题和经济人才纳入城市更新工作的视野和领域，在市场需求、资金构成、成本控制、效益评估、风险评估等方面，都是城市更新需要特别关注的。

（1）市场需求

需求是驱动城市更新的各种更新动力和行为的基础，无论是物质层面还是非物质层面，有需求才能推动改变，市场需求更是城市更新"从有向好"的基础性重要力量，市场需求调查是决定城市更新能否成功的基础性重要工作。组织城市更新更需要统筹考虑当地的居住、商贸、办公、生产、空间等各种市场需求，包括其总量规模、结构、类型、品质、档次、空间布局，现有产业的转型升级和新型产业、新质生产力的培育发展，人口数量和结构的变化、消费者偏好变化等未来趋势。

"有"是有限度的，到了一定程度就会偏多，到了一定时期就会多余，从而产生淘汰式的更新。历史街区的文旅一条街、工业厂房用于餐饮或展示等，都应当考虑市场容量和经营特色。

"好"是没有止境的，对美好生活的向往总是产生持续不断的追求，不因"好"小而不求的习惯则自然而然地会以渐进式的更新为主。因此与新建相比，城市更新的市场需求更加广泛、永续不息，并具有主动性、潜在性、创新性、激发性等特点。

主动性主要源自两个方面，一是自然、使用原因产生的品质退化和效能降低，已经超出了产权人或使用者可接受、可承受的程度；二是对美好生活、新生事物的追求，都可能引起主动的更新行为，这是普遍存在的城市更新基本特点。

潜在性包括三个方面：自然潜在、进步潜在、心理潜在。自然潜在指品质退化、效能降低虽尚未达到产权人认为必须立即更新的程度，但已进入可能更新范围的需求；进步潜在指可预期的产权人经济条件改善、有关重要技术或设备效能明显提升、相关技术标准提高要求等，可能或必然引起更新需求；心理潜在指产权人可能受左邻右舍或同行的同类更新行为启发、诱导而产生更新需求。对城市更新中的潜在性应当深入探究，适时、恰当地诱发、利用需求，以精巧安排全局性更新计划和具体更新项目实施时序。

创新性有两个基本特点，一是"创"，突破；二是"新"，不同，当然也是指正向的、正能量的。城市更新正是对"新"的追求，是综合性的创新平台，多种创新成果可以在城市更新中利用、整合；城市更新也需要多种创新，以产生各种更新需求。创新精神需要学习，创新思路可以借鉴，创新做法不宜模仿，否则就难免落入千城一面的怪圈。

激发性是一种触发条件，指某事物具有促使另一事物发生变化、升级或采取行动的能力。不同于新建，城市更新中因为产权的分散，更新的内容大小不一、行为门槛较低，更容易受到激发而产生更新需求。近30年以来，风扇换空调，窗式空调换中央空调；室内地面从粉刷油漆换成水磨石，水磨石换成地胶板，地胶板换成地板，地板换成保温地板，新材料、新设备的出现不断地激发着普遍的自发更新需求，人民群众的生活水平随着这些激发而后浪推前浪地不断更新进步。实践已经证明，激发性是城市更新组织应当认真进行研究、充分合理利用的特性。

（2）资金构成

相对于具体的更新内容和标准等要求，城市更新所需的资金基本上可以看作一个定数，其构成不外乎公共财政和集体、个人的自有资金。通过如债券发行、公私合营（PPP）、投资基金等各种融资工具获得的资金只是借款，最终还是由公共、集体、个人等产权主体承担还款责任，其本质属性是资金筹措渠道及其方法的构成，不应视为更新资金的构成。

公共财政的责任范围包括提供非营利性公共服务、多种社会保障、公共资源配置、公共投资、稳经济促增长等广泛的内容，能够用于城市更新的资金只是公共财政责任的一小部分。除了承担公共产权自身的更新责任，公共财政也可能对非公共产权的更新提供直接资金支持，或者通过相关政策进行主体责任的转移，由公共财政承担扶助弱势群体、保障生活底线的更新责任。

城市更新资金构成的意义重在所有权的构成，参与的所有权构成越广泛，城市更新的资金构成就越丰富、健康，资金规模也会相应扩大。渠道多样、方法适用的来源构成能够方便更新资金的筹措和运作，促进城市更新的行为顺利实施。

因此城市更新的资金构成应当注重于调动各种所有权的积极性，在产权责任参与的基础上形成更广泛的社会主动参与。

（3）成本控制

成本控制是经济活动的重要内容，有多种控制对象以及事前、事中、事后等不同阶段的专门控制方法和规则。

城市更新中对更新成本有重要影响的主要是传统的项目管理控制，对已经确定的更新内容和实施方案、计划等，在实施中通过科学管理合理降低成本、减少不必要的开支，属于事中控制。

成本事后控制则属于运行、运营范畴，城市更新应为经济成本的事后控制创造必要的条件。

由于城市更新的复杂性、综合性特点，特别需要在更新规划阶段重点关注事前控制，主要宜包括更新范围控制、更新档次控制、更新责任控制，三种控制都直接影响更新成本。

更新范围控制，是对更新对象和内容的控制。要按照物尽其用、功尽其能的原则，合理确定更新范围；遵循《住房和城乡建设部关于在实施城市更新行动中防止大拆大建问题的通知》中的指导原则，避免过度开发，以直接降低更新项目成本，并间接降低社会发展成本。

更新范围控制中有三个问题应具体研究。一是因为片区、系统或全局需要，也有可能将目前尚未需要更新的对象和内容纳入更新范围。二是"大拆大建"四个字本身只是一种行为现象的中性表述，其本质含义不应是拆、建的数量或比例的多少，而应是拆了不该拆、建了不需建的数量或比例。实践中不时发生的大拆大建现象说明，何为"该""需"，应当细化研究、明确标准以便操作。三是对产权人承担全部经济责任的更新意愿和行为，只要合法合规、不违社会公德，就应当支持其纳入更新范围。

更新档次控制，直接影响建设实施成本，实质上是对生活与生产关系的调节，也是对物质生活方式的一种选择；如果档次明显超出物质生活合理需要，则是对文化精神的追求，属于价值观层面的选择。

档次高低客观存在，重在与更新对象作用、国家建设方针相符；调节选择客观需要，重在与时代水平、消费能力相适。因此进行更新时档次控制也有三种问题需要具体研究。一是实现更新效能目标所需的相应档次，二是与城市社会经济发展水平或产权人的经济能力相宜的档次，三是与绿色低碳、信息智慧等科技发展趋势相符的档次。

更新责任控制，体现在经济方面就转化为成本控制，除了建造成本、实施行为成本、产权人法定权益等范围比较明确的责任，还包括拆迁补偿、安置过渡、市政基础设施改造升级等。在责任相关内容合理的前提下，其强烈的社会性对具体更新项目的成本影响巨大，主要有责任范围影响、责任归属影响两个方面，如果处理不当，都有可能对城市更新的需求产生影响。

有别于前述更新范围控制中的更新对象范围，更新责任控制中的范围影响是指责任履行的依据范围，如拆迁补偿、安置过渡是按建筑面积、建筑质量，或是按户、在册人口数以及截止时间等。笔者曾经遇到过一个拟更新住宅楼项目，设计概念方案及其经济计划方案已得到更新承担方和有关部门认可，但因更新信息在公开发布前提前泄露，更新范围中突然发生多起楼内居民分户和外部居民迁入，按照当时拆迁按户补偿的政策，更新承担方已经承担不起这份经济责任，导致拟更新项目夭折。

责任归属一般不会影响城市更新的总成本，但在拆迁补偿、安置过渡、市政基础设施改造升级等许多方面，都对更新行为实施成本产生重要影响。补偿责任是由公共财政承担，由相关公共政策分担，或是由更新实施企业承担、分担，对更新、投资积极性有至关重要的影响。因为各地不同的经济社会条件和发展水平、文化背景和习俗，实践中有许多不同做法。

（4）效益评估

没有合理的效益，城市更新行为就难以持续。因为产权的性质、责任和拥有者能力等特点的区别，个人业主一般偏重于更新的效用、效果；企业则必须重视经济效益，而且一般都注重项目直接效益或近期可控效益；政府的责任和能力决定其总是从综合效益、整体效益出发，重视社会、经济、环境效益，一般以近期效益为主，兼顾中长期效益。

城市更新需要最普遍的经济效益评估，包括测算项目的所有预期直接成本，如土地购置、拆迁补偿、安置过渡、建设费用、运营维护成本等，以及间接成本如环境影响成本、社会成本、融资成本等；测算项目的直接收益如租金、物业销售收益等，以及间接收益如就业机会、消费增加等；分析项目的直接盈利能力，或者能够带来长期的社会经济效益，以确认项目是否具有经济可行性。

更新的经济成本有总成本和企业成本的区别，更新的经济效益也有公共效益和企业效益两本账，例如增加的房地产税、营业税等公共效益，土地价值增值则普遍惠及拥有其中产权的公共、企业和个人产权人。

政府组织城市更新的效益评估，除了更新项目的直接经济效益以外，通常还考虑项目对经济社会的间接贡献，例如弥补城市发展短板、促进社会公平；带动上下游及其他相关产业发展，新增就业岗位或机会，增加居民收入，促进消费；社会服务设施和环境改善等带来的外部经济社会效益、效应；推动促进产业结构、层次向高技术、高附加值产业转型升级，促进新兴产业发展等。

城市更新项目的效益问题随更新主体的性质、意图和更新内容的区别，而各有侧重、各有选择。经济效益是否具有市场吸引力，主要看其投资回报率，即总体经济效益的高低。对于更新实施企业，主要是同行业之间进行比较；对于金融资本投资的吸引力，除了政策导向作用外，则往往是在全社会范围的比较。

（5）风险评估

因为城市更新项目多会受到较强的社会因素影响，实施周期一般也都长于同等建设规模的新建项目。长周期加上多因素，意味着其实施过程中可能存在很多不可预见因素，例如市场变化、意愿诉求改变、资金到位等，都有可能影响实施的进度；一旦出现延期，过渡安置费用、投融资还息，乃至因延期产生的社会问题的处理费用等，也将对更新实施成本产生不可预见的影响。产生变化的可能性增大，进行项目风险评估的必要性也随之增强。

进行风险评估注重在正确了解和把握相关发展的具体前景、宏观趋势基础上，预判项目实施过程中可能发生的变化，例如对土地价格、租金收入、建设成本、市场需求等具有关键影响的要素变化及其方向和幅度提出合理假设，分析如此变化对项目经济效益的影响，以评估项目的经济风险承受能力。可设定不同变化情景、变量区间，评估项目的经济可行性在这些不同状态下的适应性、灵活性、稳定性，以便制定相应的风险管理对策预案。

对于产业更新类，还应评估更新项目是否具有中长期的经济可持续性，以优化、校正近期更新目标，合理安排成本投入。

因此，城市更新项目的经济性评估，需要综合运用多种经济评价工具和专业方法，全面分析项目的成本与收益、短期与长期效益、直接与间接影响，以及在不同经济环境下的项目稳健性。

这种评估是城市更新行为所必需的，只是不同行为阶段的重点内容、技术深度和评估作用有别，区别划分的节点是城市更新规划。规划确定前做了评估，相关成果相结合作为规划的依据，规划的实施可行性则显著提高。规划确定前不做评估，实施前也肯定得做；如果相关规划内容没有合理的弹性区间范围，实施中就有调整、变更规划的可能。

3）社会条件

更新与新建的各种条件区别中，最本质的是社会条件，经济成本、实施过程等很多区别都受其影响；最复杂的也是社会条件，因为社会由各种人组成，而人是最复杂的；最难把握的还是社会条件，不同于工程技术的规律性，人有很多隐性要素、心理因素、个性诉求。以下是对城市更新具有关键影响，并且其导向或原则相对明确的社会条件。

（1）社会公平

社会公平是人类社会的永恒话题，中共二十届三中全会强调"以促进社会公平正义、增进人民福祉为出发点和落脚点"。城市更新面对的是整个城市，针对的主要是城市的薄弱环节，无论物体更新、功能更新或是环境更新，都是人的生活生产条件的更新；社会普遍更加关心与人民群众的切身利益和"获得感"密切相关的生活条件的更新，因此社会公平问题常常是城市更新的重点对象、重要目标和特殊责任，也是城市更新的敏感话题、政策要点。

城市更新促进社会公平应重视完善三个机制：更新责任机制、利益分配机制、社会包容机制。

更新责任机制，是恰当进行利益分配的前提条件，因此是城市更新的基础性机制，主要包括产权责任和促进社会公平的责任，维护和促进社会公平的义务也应是重要辅助内容。其中的责任重点有两个，一个是公共责任，另一个是产权责任，相对于一定的责任总额，二者此消彼长；明晰责任才能避免推诿扯皮，或者认为城市更新的资源缺口都应当由公共资源兜底负责。实践中经常遇到的矛盾例如，公共责任的范围和边界在哪里，尤其是没有明确产权方的非公共产权的更新责任归属；更新中的安置过渡责任，自主更新当然自己负责，组织更新就成了组织方负责，其本质是经济责任还是组织责任，或是共同责任，如果计入成本，那么更新后的利益增值应该怎么算？

产权人的法定权益必须得到保障，同时也理应承担更新中的相应产权责任，权益与责任相应本身就是公平的组成部分。促进社会公平的责任应当由相关法律和政府，以及城市更新的组织方共同承担，城市更新的相关方都有维护和促进社会公平的义务。

应区分、明确产权、环境和相关责任，公共、集体和个人的责任；责任的明确应依据法理，以及基于人类理性、得到广泛认同并正常依循的公理，不宜考虑承担责任的能力。对不具备承担能力的更新主体，应结合情理，根据事实、遵循社会公平原则进行更新责任转移，制定相关政策进行合理补偿或必要的救济、帮助。

利益分配机制，对城市更新是否、能否促进社会公平起到直接的决定性作用，因此是城市更新的核心机制。通过城市更新产生的用地效能提高、住房品质提升、区位和环境条件改善等更新增值效益，如何在组织方、实施方、产权人以及居民、其他利益相关方之间合理分配，直接体现了城市更新的社会公正状态，直接关系到社会稳定。

相对于责任，利益也包括产权利益和环境、相关利益，公共利益和集体、个人的利益。利益的公平应包括合法权益的制度设计，例如不动产和户籍权益的范围、更新实施成本组成与投资基本回报率的关系；以及责任与权益的合理对应、获益的公平机会等。

社会包容机制，是社会公平的制度性保障，体现了城市的胸怀与和谐程度，因此是城市更新道德水平的标志性机制，与城市的公共服务能力和治理原则的正当性密切相关，也是社会风尚的形象体现。城市更新的社会包容机制重点体现在对弱势群体的关怀照顾，也包括对多元文化的和谐兼容、对多样特点的平等尊重。

对弱势群体的关怀照顾，在城市更新中主要包括住房和就业两个方面。以低收入家庭、残疾人、老年人等特殊群体为重点对象，提供住房底线保障，确保低收入家庭等特殊群体不会因城市更新而失去住所；对更新责任的可承担能力进行分类，分别提供如廉租房、共有产权房、经济适用房或房租补贴等服务，以满足不同收入水平家庭的需求。提供就业机会，向因为城市更新引起的行业和就业要求变化而影响就业的居民提供职业培训和再就业服务，帮助他们适应新的就业市场。

多元文化能够丰富城市内涵，有利于交融创新，城市更新中需要针对不同文化特点进行统筹安排，使相关文化各得其所、和谐兼容。

对多样特点的平等尊重，城市更新中重点体现在对城市、建筑的文脉和空间特色的真实保护、活力传承、有机更新。城市都是在历史进程中逐步演进至今的，传统的私人营建方式使城市、建筑的文脉和空间等物质、非物质文化，都带有各自历史时期、所在地域、营造行帮和业主的能力及偏好等特点，是城市更新的技术和文化资源。成片组织、集中实施的更新方式必须特别重视更新范围中的多样化特点，巧妙利用这些不可再生资源，使不同历史时期的各种优秀和特色文化成为今天城市中生活化、日常化的有机组成，而不仅是展示和娱乐；尊重历史文化，重视城市特色，创新发展文化，避免千城一面。

（2）公众参与

城市更新以机制促进社会公平需要切实做好公众参与，以利于集思广益、集中资源、集成合力、决策民主和监督保障。公众的参与是一种重要的更新资源，是培育、发展城市更新市场的基本保证，也是"人民城市人民建"的一种重要方式。对于公众参与需要进行专门研究、制定专项政策。

在城市更新中吸引和组织公众参与，重在坚持落实"以人民为中心"的理念，了解、理解和体贴对改善居住环境、提升生活品质的具体诉求，提高对城市更新的认同度和资源、行为方面的参与意愿，公正、公平、公开地化解矛盾、解决问题、配置利益。

做好公众参与的更新工作组织，应当关注参与者的获益点，而不是停留在参与的形式或参与度，或者只是把"参与"看作对方的义务。建立、完善公众参与机制，重点需把握四个要素：参与对象、参与节点、参与渠道、意见采纳。

参与对象中，有业主、居民、社区、相关人、社会公众等不同身份及其与更新对象、更新行为、更新目标和效果的关系，有老、中、青等不同年龄段以及所处时代文化的影响特点，有高、中、低收入的生活水平和习俗差异，有定居、迁居意愿和通勤、通学需求，还有专业、爱好、舆论的各色人等。每类城市更新、每个更新项目，包括项目的规划和实施阶段，都需要选择针对具体问题和能够有效参与的对象，结合更新目标进行策划组织。

例如对传统地段、老旧住宅类更新项目，老年人与年轻人，居民与其他地段的市民、游客，更新的组织方和实施方等，都有各自的关注问题，文化欣赏和生活居住等不同角度有时甚至与意愿相左，普通的街头调查和非利害关系人的意见很可能是隔靴搔痒，甚至结论导向有误。

因此，组织公众参与需要根据更新对象特点、参与对象利害相关点，依据更新规划，把拟参与对象分为重点、基本、相关和一般等不同范围，按其对目标的影响关系和作用的关键程度，针对具体更新目标和关键问题筛和选抽取。筛选的目的是征询意见的相关和有效，而不是、更不能求同排异。

参与节点，按照更新流程，有策划、规划、设计、实施等先后阶段；按照更新影响，有产权利益和相关利益配置、功能与形式等规划设计相关内容；按照更新工作，有意见征询、目标设定、统筹协调、拍板决策等不同性质。

城市更新中的这些节点，理论上都可以进行公众参与，有一句常用的口号就叫"全过程参与"；但对于专业和业余、专职和相关等不同性质的对象，则应合理利用各自优势，区别履行参与的责任和义务。不同节点的敏感性、关键性也各具特点、各有作用，从提高效率起见，需要根据更新对象的实际情况具体分析。一般而言，规划编制、利益配置、统筹协调是其中最关键的节点，实际上都直接与相关人的切身利益紧密关联。利用好这样的节点，通过公众参与、加强沟通理解，在知情明规的前提下，提倡服从大局、相互礼让，促进凝聚人心、统一意志，以利于城市更新行为顺利实施。

除了节点参与，还应当根据需要随机组织参与，公众也可以随机主动参与。视参与内容内涵属性的需求和敏感性等特点，可以有集中参与、相关参与或对口参与，必须参与或自主参与等多种方式，具体方式的选择应富有正面作用、方便形成效果，并避免产生副作用。

参与渠道，在现代技术条件下可以灵活多样，如会场、现场、专访、书面、通讯、媒体等。城市更新中具体参与渠道的选择，总体上应当对应需要、重视效率、注意影响，方便相关公众的参与和表达，利于参与意见的可靠收集，并具有相应的规范措施。实践中经常遇见的问题例如，调查表格的设计如何有利于参与者真实、清晰地表达和方便填写；仅用一台摄像机，尤其是新闻媒体的摄像机，就可能十分有效地维护参与的现场秩序。

意见采纳，不是简单地少数服从多数，一般需要建立、完善三个工作机制：区分参与的内容、性质和复杂程度，建立沟通与协商机制；明确相关条件、标准及其依据，建立采纳与否决机制；明确恰当、可靠的告知方式，建立事先通告或反馈机制。

（3）公共服务

城市更新涉及的公共服务内容广泛、类型多样，有基本公共服务、地段功能公共服务、特色（包括文化、高档、个性化等）公共服务；有依托公共财力的公益性公共服务、相关政策规定的福利性公共服务、遵循市场规则的营利性公共服务等。

因为通常理解的城市更新行为具有完善性功能和社会性影响、组织性方式等基本特点，更新会理所当然地重视基本公共服务和公益性公共服务，教育、医疗、文化、体育、老年和环境等公共服务设施，城市更新行为完成后能否完善配套、提升品质，直接关系到社区吸引力与居民生活质量，同时对已经成为大多数居民主要财产的住房的价格产生客观影响。

如果考虑城市更新同时也具有发展性功能和财富性影响、自主性方式等重要特点，就需要在保障基本公共服务均等化的基础上，因地制宜、因物制宜、因利制宜地重视合理而充分地发挥特色公共服务、营利性公共服务的积极作用，按照市场经济规则提供不同档次、具有多样吸引力的服务产品。保障性、福利性和营利性的城市更新有机结合，整体成为一种社会发展方式。

在生活居住公共服务方面，商务部等13个部门2023年联合发布了《全面推进城市一刻钟便民生活圈建设三年行动计划（2023—2025）》，提出在居民"家门口"（步行5~10分钟范围内）优先配齐基本保障类业态，在居民"家周边"（步行15分钟范围内）因地制宜发展文化娱乐、休闲社交、康养健身等品质提升类业态，重点发展"一店（便利店）一早"、补齐"一菜一修"、服务"一老一小",政策支持特色化、多元化的各类市场主体发展。

以社区生活圈为空间单元进行生活居住公共服务覆盖配套,目前已经成为城市更新的重要内容和普遍做法,其中步行5~10分钟和15分钟范围分别类似于传统的居住小区和居住区的空间规模,但服务内容反映了新时代公共服务的要求,服务品质则是城市文化活力和经济能力的体现。

目前城市更新领域有一种观点,认为社区生活圈存在效益不高而成本高的问题。从经济角度看,这很可能是个问题;而从社会角度看,则肯定是便民善举。社区生活圈方便居民日常生活居住需求,步行5~10分钟、15分钟的空间规模也符合居民,尤其是老幼人群日常行为特点;保障性服务内容重在社会效益,提升类服务内容适宜社会和经济两种效益兼顾,服务品质档次则应因地制宜、重视经济效益。

社区生活圈的概念应当肯定,具体划设则需要因地制宜;覆盖范围应当符合地段功能和人口的结构、密度等与生活圈服务内容和强度直接相关的特点,不宜简单、片面地追求对城区面积的覆盖率和全覆盖;服务内容应当针对居民日常需求,品质档次需要适应市场规律;保障性与福利性、市场性,均等化与多样化、个性化有机结合,促进社会公平,保持社区活力。

同时,还应研究和恰当利用公共服务对不动产价格的相关调节作用,借助城市更新平台对公共服务配套的时序与城市更新中相关调整和实施的时序进行有机组织、整合,以合理降低更新成本,促进更新计划顺利实施。

(4)社会治理与社会氛围

强烈的社会性目的、范围、作用和影响,决定了城市更新行为的顺利实施,离不开高效的社会治理和良好的社会氛围。

与城市更新紧密相关的社会治理内容主要包括社区凝聚力和社区基层治理能力。社区凝聚力来自于社区居民共同的利害关系和对更新目标的共识，直接影响更新计划的社会接受度和更新项目的推进效率。一方面，要通过及时、有效的公众参与使更新规划和实施计划尽可能最广泛地切合居民趋利避害的意愿，以最大限度地形成对更新目标的共识。另一方面，社区组织是居民之间的协调平台，也可以作为社区居民与更新的组织方、实施主体之间的桥梁，协助协调各方利益；街道、社区等基层组织的服务精神、管理效能和危机应对等治理能力，对社区更新凝聚力和项目实施过程中的矛盾化解、利益协调有重要影响作用。

城市更新的良好社会氛围，例如发展、法制、责任、和谐等理念氛围，公正、公平、公开等舆论氛围，对城市更新的决策和更新项目的实施都有直接或间接的影响。城市更新组织主体和实施主体的理念、行为和政策、策略，对良好社会氛围的形成有重要的导向和影响作用。

社会条件是城市更新能够成功实施的重要基础，改善社会条件也是城市更新的重要目标。要"以促进社会公平正义、增进人民福祉为出发点和落脚点"，充分考虑并妥善处理城市更新中的相关社会条件，以顺利推进更新计划、成功实现更新目标，同时维护社会和谐，促进城市可持续发展。

4）技术条件

当前我国正处于发展方式的转型期，对于此前数十年以增量为主的城市规划建设活动中形成的规则和行为习惯，需要关注"新建"与"更新"作为两种不同方式的建设活动，除了本书第一章"更新与新建的区别"中"管理区别"所述的程序、理念、标准等管理内涵区别，在城市规划和建筑工程技术方面也存在明显区别。城市更新中也有拆除重建和新建，以及设施、环境、人文等非常广泛的技术条件内容，都是应当专门关注、研究的；为了便于集中对比，此处，"更新"只针对原物体改造性建设活动，除了前文"1）现状条件"的不同，新建与更新的建设技术条件区别还体现在以下几个方面。

（1）建设目标区别

新建是通过全新的设计和施工，以新建对象的功能、空间为明确目标，从无到有的创建过程。更新是针对已经存在、正在运行和使用的，或者因为某些不适应而停用或废弃的设施、建筑物或系统，为了提升其性能、效率、安全性、环保性、时代或市场适应性，延长使用寿命、恢复利用功能，或者满足新的法规标准、科学技术发展的新要求、当前用户的新需求等，通过对现有设施进行部分或整体的改进、替换或升级，使其达到新的功能或性能要求。"更新"总体上属于对现有主体的局部进行改变，即使不考虑社会因素的影响，单纯技术决策的选择条件也比新建更为复杂。

（2）设计条件区别

设计条件的主要区别是"织补"，体现在对现状的承袭与衔接两个方面。

新建场地除了利用地形其他无可承袭，没有承袭就没有制约。更新项目相比于新建有太多的承袭基础及其制约条件，一般包括现状地形、地貌、自然地物，现有建筑的结构体系、平面功能布局、室内空间、设备系统工程等，需要从人的行为心理角度和工程技术深度判定对其是否承袭利用及其可行性。

新建的场地经过几通一平，新设计整体自由度大。更新包括从粉饰、修缮、改造到拆除重建等各种类型和程度的建设，场地完整度不强，建筑物等现状条件复杂；尤其是微改造、微更新，需要衔接周边而限制条件较多，常常需要在"螺蛳壳内做道场"；归属分散的不动产权常常伴随不同的更新意愿，环境、风貌等优化、协调通常也比新建项目的限制条件更多。反之，如果在设计中能够把限制条件变成创作资源，就存在着较多的创新机会。

（3）施工条件区别

因为更新是对现有设施进行改造，有时还需要考虑在不影响现有功能正常运行的情况下进行更新施工，即"不停产更新"或称为"在线更新"，其中一些技术、安全、调度的内容和管理要求是新建中没有的。施工在现有结构、空间、系统的框架基础上进行，需考虑与现有设施性能的兼容性和型号、接口等的衔接，施工期间对现状环境和现有运营的干扰需要最小化等。解决这些问题需要时间和多种措施，不但影响工期，也很可能影响成本，而且工期会直接影响成本。因为施工条件的复杂性、工作环境受限、修补衔接技术要求高，以及用户需求更改频繁、监管难度大等，更新施工在安全生产方面需要付出更多的努力。

（4）"双碳"条件区别

"双碳"导向和目标是国家的统一要求，无论新建还是更新都应遵照执行，但因为承袭基础大不相同，二者的规划设计条件之间也有较多区别，主要包括以下五个方面。

规划布局。新建项目可以按照低碳理念要求结合功能需要，对建筑选址、空间布局、交通规划等进行整体统筹安排，以减少未来使用和运行的碳足迹。城市更新项目通常需要保留在倡导低碳理念以前已形成的城市历史文脉和社区结构。步行为主是低碳的生活方式，但在现代城市中只是局部的、辅助的以及如观光、购物、散步等特定功能的交通方式。因此，更新规划需要统筹传统文化和脉络保护、交通现代宜居和低碳理念要求。

建筑起点。新建项目设计从零开始，按照新理念，执行新标准，建设成果理所应当达到绿色建筑标准，符合低碳目标和零碳导向。更新项目多需在现有建筑和设施的基础上进行改造，面临既有结构体系、设施系统和功能布局、室内空间等限制，不但技术难度大，单位面积的改造成本也很可能高于新建，而成本追根究源都是由碳排放得来的。因此，更新改造建筑的低碳措施包括两个方面：一是建筑本体更新后保温隔热效能的节能低碳，可以套用或者参照新建建筑进行评估；二是更新成本体现的低碳，对既有建筑、旧材料等现有资源不但要尽量利用，还要关注利用低碳和成本低碳。应统筹协调这两个方面的利弊关系，制定更新改造建筑低碳节能标准，指导更新改造方式的低碳选择。

建筑材料。新建建筑主要是参考保温隔热性能选用新材料，局部利用旧材料的情况多在不妨碍热工性能的建筑内部。现阶段的更新对象大多是传统建筑材料，无论是古代的砖、木还是传统的钢筋混凝土，保温隔热性能都无法与现代新建筑材料相比。拆旧换新后可以达到节能标准，但从包括全寿命期运行的总量低碳角度就需要具体衡量拆换和改用的利弊；如果是需要保护的传统建筑，对其低碳效能是否考量和如何考量，尚没有明确的标准。但有一点可以肯定，随着居民生活水平的不断提高，生活居住类建筑，特别是住宅，其保温隔热等建筑物理性能必须满足现代宜居水平的要求，否则必将被淘汰或者转为不需要讲究建筑物理宜居性能的其他用途。

新技术应用。按照绿色建筑标准，新建项目需要广泛利用新技术。有条件、有情怀的建设方还常趋于采用最前沿的低碳和环保技术，例如光伏建筑一体化、建筑能效管理系统、智能化管理系统等，在新建中一体统筹安排易于实现新技术的集成和优化。城市更新项目一般都具有的局部性、渐进式特点和保护利用等原则要求，客观上给新技术的嵌入，尤其是整体效能更好的系统集成，带来技术整合和成本效益方面的制约条件。

实施难度。新建项目产权因素单一、建设意志统一，并已有明确的绿色建筑技术和标准用于规范建设行为。反之，除了产权单一的自主更新，一般更新项目通常是组织更新方式，产权权属分散，更新需求意愿多样；居民生活水平有差距，生活习惯有区别，对具体新技术、新材料的认识和偏好各有特点。更新中相关法定权益和利益协调等社会性因素与低碳等技术性因素混合交织、难以拆分。主要针对新建条件的绿色建筑标准和技术，在更新实施中需要因物制宜地灵活运用，因人制宜地参考借鉴。

新建和更新两种建设方式都是工程技术领域不可或缺的部分，作为建设发展方式，分别主要适用于城市和社会经济发展的不同阶段；作为建设技术方式，分别适用于更新对象的不同状态。在城市更新战略和路径等宏观层面，应从建设发展方式的角度充分发挥城市更新的作用；对城市更新项目和策略等具体事宜，则需要从建设技术方式的角度解决更新过程中的实际需求和问题。

更新与新建在技术方面客观存在着诸多的性质区别和量化差异，需要像对待新建那样，通过多种专业的深入研究、实践探索，形成专门的城市更新技术标准、规范和技术政策。

5）政策条件

如果说，建设工程重在技术，建筑设计重在创作，那么可以说，公共政策是城市更新的灵魂。

城市更新是一项综合性强、涉及面广的社会经济活动，其政策性需求涵盖多类领域和多个层面，需要建立、完善城市更新政策体系，为城市更新工作的健康推进和可持续发展提供制度保障。从前期城市更新实践状况来看，主要有以下类型的政策需要针对城市更新的特点进行深入研究，具体制定、完善。

（1）利益配置政策

利益配置是城市更新中最敏感、最复杂的问题，《中共中央关于进一步全面深化改革、推进中国式现代化的决定》中提出的完善收入分配制度、完善就业优先政策、健全社会保障体系等重要任务，在城市更新中都有体现、都需要努力落实。

城市更新中的利益配置可以分为公共利益配置、产权利益配置、就业利益配置、更新责任配置四大类，涉及许多方面。

公共利益主要包括公共服务配套、公共环境改善、地段效能和吸引力提升等，通过城市更新规划进行配置。城市规划的公共政策属性和作用在城市更新中体现尤为强烈、具体、可感。

产权利益主要包括不动产增值、拆迁补偿、过渡安置、迁居或回迁等，配置形式主要有货币、建筑面积、安置点等。其中，不动产增值有两个渠道，一是建筑品质更新改善的本体增值，二是公共服务配套、公共环境改善带来的地段增值。安置点在更新地域范围内通过更新规划配置，在更新地域范围外则需要通过更新规划或实施工作之间的协调配置。

就业利益有直接参与城市更新行为的直接利益，有因更新目标和结果带来新的就业机会，包括就业结构优化、层次提升，创业机会、就业技能培训等间接利益。其中，参与更新行为的直接利益通过市场配置，城市更新的利益配置政策只针对间接利益。

更新责任配置是利益配置公正、公平的前提，只关注利益、不明确相应责任条件的利益配置政策体系是不完整的，这样的导向作用既不利于更新项目的顺利实施，也不利于社会风气的文明健康。从实践中的问题和矛盾来看，更新责任中很需要明确产权责任、组织责任和实施责任，主要涉及更新经济成本构成、更新投资增值、社会公平保障等责任和利益的配置关系。

例如，除了民生底线保障、促进社会公平等明确的福利性政策范围，伴随公共投资带来投资地段及周边的个人不动产增值，如果不与责任挂钩采取配置调整措施，就隐含着，或有可能形成一种社会不公，典型的例如长期广遭诟病的"学区房"问题。再如实施企业承担更新成本的合理构成等，都是有待专门研究、制定政策进行指导规范的普遍性问题。

（2）城市规划和建设用地政策

对于城市的规划建设治理，城市规划和建设用地政策是政府最基本、最重要的服务和调控手段，在过去几十年以城市规模扩大、建筑量的增长为主的发展过程中，已经逐步形成了与当时的发展方式和需求特点相适应、比较健全和相对完善的政策体系。对比规划和用地特点，城市更新与传统新建存在重要区别，需要完善现有的或制定新的政策措施进行指导和规范。

①城市规划方面

一是产权区别。传统城市规划不论产权，现状图只表达地形、地貌、地物，规划图只表达用地类别、强度等，都没有产权概念，通常也就不考虑产权的意愿和权益。更新规划从一定意义上就是对现有产权的发展或变化的规划，如果不符合法定产权权益或违背产权人意愿，更新规划就难以实施。

二是规划内涵区别。因为对于新的成块用地和整体新建，传统城市规划主要考虑功能性、工程性、空间性、艺术性，比较普遍地重视创新领先的技术、英雄主义的构图、宏大叙事的景观。

而因为城市更新的承袭条件，更新规划的主要技术特点是"织补"，重点是"绣花"，需要重视适用的先进技术、文脉主义的构图、生态亲民的景观。同时因为普遍存在产权权益和利益调整问题，更新规划还需要经得起经济规律、社会规则和法律规定的检验。

三是技术深度区别。传统城市规划一般不涉及建筑，对新建用地上少量的现状建筑和设施也多是以新建需要为主，分别拆除或保留。更新规划主要对象是既有建筑和设施，以现状情况和权益人的需求为基础，对既有建筑和设施分类为传统新建方式的留与拆以外，还增设了"改"。多了一个"改"字，技术深度大有区别，如改的需要与诉求，改的内容和程度、依据与可能、效果和效益；传统规划理念一般比较关注其中的内容、依据和效果，而更新规划还必须区别程度范围、可能与否和效益区间。

②建设用地方面

通常新建是在未开发的土地上按照已定规划进行，城市更新优化完善和提升现状，多需要相应调整原规划而引起用地现状的相关改变，主要应关注以下四类可能出现的变化。

一是规划功能等更新引起用地类别和性质变化。城市更新主要在滞后地区振兴、传统地区复兴和旧区更新等方面，一般都需要完善公共设施配套、提升公共服务质量和水平，需要改善交通和生产条件、增加就地就业机会，需要促进经济发展、引入新功能或新业态、提高更新范围的竞争力和吸引力。这些更新需要都有可能改变建设用地的现状类别和性质，如果不改变就不能满足更新所需。

眼光再长远一点，更新是持续的阶段性需求。现在更新完成的对象，过了一段时期后仍然会因为品质的退化、效能的衰退、经济的发展、技术的进步，特别是人和社会理念的变化，而再次产生更新需求。按照目前的做法，非常可能需要对通过此次调整确定的城市更新规划的用地类别和性质再次进行调整。

这就启示我们反思：为什么对建设用地分类，依据什么进行分类，分为哪些类，编制分类与管理分类是否需要有所区别；随着生态环境和城市交通的技术进步、智能城市技术的发展，工作的方式、地点和时间的选择性，包容性、公平性和去中心化等社会理念变化，目前执行的基于传统功能分区理念和计划经济特点的用地分类，仍然必要的和已经不需要的各有哪些，在城市更新中应当怎么一揽子进行系统性更新完善。例如瑞典在城市规划中不限定、不标注用地功能，通过指导原则和目标来引导土地使用，而不是明确限定用地类型。这种方法有利于在动态发展中因时制宜，灵活创造更具活力、宜居和可持续的城市环境，我国的城市更新用地政策是否可以借鉴。

二是土地使用权变化。除了产权人进行的自主更新和单纯的建筑出新，成片组织的城市更新项目多需要通过功能转换或土地再利用等方式重新规划和利用现有建设用地。因为更新对象基本都已有明确的产权归属，更新及其引发的变化必然涉及现有的土地使用权，包括土地使用权调整、土地置换等。

城市更新中土地使用权变化的政策复杂性，主要在于使用权变化前后的用地价值增值变化。增值主要有两种原因：一是因履行产权的更新责任而增值，二是随着公共产权或其他产权履行更新责任而增值，例如进行土地整理和基础设施、公共设施配套等。一般情况下，增值是显性的，容易得到社会关注；而增值的原因是相对隐性的，通常可能被忽视或有意地无视，由此而在更新中引发问题和矛盾，典型的例如拆迁安置是按原地新房原面积

109

安置还是折币补偿安置，其经济价值可能有相当大的区别。

三是开发强度变化。在已经进行的城市更新实践中，容积率调整，更直白地说是"提高"，是一个比较普遍的现象或常用的手段。在社会和业界普遍重视生态宜居、关注历史文化和传统风貌的氛围中，提高容积率这种行为的普遍性则体现了一种无奈。因为容积率必然需要相应的各种交通、市政设施和公共服务支撑，也就是需要公共资源支撑；如果把容积率理解为资源变资金的意义，则反映了更新意愿与消费能力的不平衡。这种不平衡需要更新理念的科学引导，这种无奈需要更新政策的合理规范。

四是土地效益变化。城市更新通常进行的用地功能转换、公共设施配套、公共环境改善、道路交通优化等行为，必然使用地效能提升、效益增值，从而产生收益分配问题。效益增值是通过投入得来的，如果把更新的收益增值与责任和贡献挂钩，就应当对公共投资带来的非公共不动产增值进行分配。例如，日本设立土地增值税、特别收益税，瑞典把产业和不动产的税收合同作为用地条件，我国上海也已有类似做法。

（3）投融资政策

城市更新领域的投融资在实践中已经出现很多方式。例如，财政支持方面有政府预算、专项基金、补贴、税收优惠等，直接为城市更新提供资金支持；社会资本引入有公私合作（PPP）、股权融资、债权融资、房地产投资信托基金等多种融资方式；金融创新有城市更新贷款、债券、保险等。

投资需要考虑风险与回报，融资面临责任与成本，获利是投融资的一个基本目标。城市更新投融资能否获利与非常多的因素相关，例如市场需求状况、建设周期、运营管理效率等，尤其是项目的区位、规模、定位等自身特点，有所谓"肉"或"骨头"

之分。

从市场反应来看，城市更新投融资总体上是需要信心的，而这种信心一方面来自于更新能力决定下的市场需求，另一方面是对更新投资的政策支持。一般情况下，具体项目实施能否获利取决于更新实施主体的策略和行为，更新实施行业能否获利则主要受成本构成政策影响。

城市更新投融资政策应重点关注更新成本的合理构成关系，主要包括拆迁补偿、过渡安置成本，市政公用设施配套升级成本，公共服务配套成本，底线保障成本，贷款利息、融资成本、税费等财务成本，以及考古发现、项目变更等不可预见成本。如果可以保证更新实施行业的基本利润，城市更新投融资渠道就能够总体畅通。

（4）产业更新政策

产业更新是城市更新的重要组成部分，也是城市更新中提升城市整体品质和竞争力的关键环节；更新目标侧重于经济活动本身，特别是产业的效益、效率、竞争力和创新性，才能实现经济的可持续增长。

产业更新往往由经济发展需求和生产技术进步直接驱动，地产更新则更多地受到建筑、人口和文化等变化，以及社会发展政策和城市规划的影响。

产业更新涉及产业链的调整和更新态成长周期，更新效果的实现通常需要较长时间的运营，以及运营中结合市场反应的及时调整；地产更新效果的体现主要是建筑、设施和环境等物质性更新的完成，更新效果直接，更新态本身没有成长期，更新效能多取决于更新实施前的需求预测和目标策划。

产业更新主要是企业自主更新，也可能涉及企业与相关科研机构、行业协会的合作；地产更新则更多是政府组织、企业实施的方式。

因为这两大类更新在领域、目标、内容、基本特点和更新主体等方面客观存在诸多明显差异，甚至本质性区别，因此需要分门别类、各自适用的政策。

目前城市更新中得到普遍关注和实践的主要是地产和公共环境类更新，地产更新则更侧重于物质空间和房地产领域。在发展方式转型阶段，因为产业发展对经济社会发展的基础性作用，更加需要针对产业更新的特点及其需求，专门制定完善产业更新政策体系，而不宜直接采用或简单套用地产更新类政策。

与地产、公共环境类更新明显区别的产业更新政策一般包括：更新导向政策，发布优先发展产业清单，明确支持方向和重点；更新规划政策，制定产业发展布局规划，引导资源合理配置，避免过度的重复建设和盲目竞争；科技创新政策，引导产学研领域对更新关键技术合作攻关，提供科研经费、平台搭建、创新风险补偿等支持；环保倒逼政策，设定严格的环保标准，推动产业向绿色、低碳方向转型，并提供相应的支持。

产业更新和地产更新在实践中经常是相互交织的，可以相互促进，产业更新为地产更新提供经济和物资支撑，地产更新为产业更新提供服务和市场支持；但也需要注意避免其相互制约，重在生产与生活关系的顺序、比例和内容等方面的适配。

（5）住房更新政策

住房更新政策体系宜覆盖全社会住房需求。同时因为城市更新的组织性具有促进社会公平的功能和责任，应当重点关注更新后居民的住房问题，但不应等同或局限于住房保障政策。

在住房更新政策体系中，宜关注合理的多样性、差别性，区分住房档次、产权类型。其中住房档次如一般市场性普通住房，具有补贴性质的保障性住房，针对特定条件的其他住房、配套特殊条件的高档住房等；产权类型目前已有自有房、共有产权房，商品房、经济适用房、房改房、集资建房，出租房、公租房、廉租房等。

不断改善宜居条件、提高居住品质是社会普遍而持续的美好愿望，鼓励住房理性消费、促进经济社会发展是住房政策体系应当具有的功能。因为城市更新是城市各组成部分先后不断进步的动态行为，政策体系也需要关注住房保障城市底线的动态性，档次和类型标准设立的合理性、必要性、清晰度，档次和类型之间的相关性，并明确档次之间、类型之间的变动规则。

（6）生态环境更新政策

城市更新中的生态环境内容可以分为以下三个方面：

生态环境修复、完善方面，包括植被、水系恢复，污染土壤治理，雨洪及次生灾害应对等，按产权性质分为公共生态环境和集体生态环境。

建筑节能方面，包括合理利用现有建筑和材料，绿色建筑技术应用，节能、节水、节材、环保等要求，按建筑特点包括承袭利用、更新改造和使用的全寿命周期。

碳排放管理方面，按照碳达峰、碳中和的目标导向，包括更新的实施和使用，尤其是生产和公共服务运行的碳排放设计标准等制度。结合更新实践状况，不但需要完善对节能设计标准的理论测算，还特别应重点加强实际运行的效果监测，以不断完善相关理论和措施。

生态环境更新政策必须针对气候变化的现实和趋势，秉承"天人合一"的传统哲学理念，妥善协调处理人与自然的关系；

讲究实效、理性消费，避免更新目标贪大求高、更新效果华而不实；重视生态环境的系统健康和生物多样性问题，重点关注成本问题和倒逼作用。

生态环境更新成本，包括更新行为的一次性成本和运行、管养的日常性、持续性成本，体现了更新及其效果的碳足迹。更新政策导向应重视生态环境效能，坚决避免把生态误解为景观，并应兼顾提高生态环境更新的一次性和长期性两个性价比。

利用环境保护政策促进产业结构转型、层次升级、效益提升，是国际通行的做法；全球气候变暖背景下，近年来的节能减排政策更是起到倒逼相关产业技术进步、发展路径优化、发展方法转型的积极作用。从全球范围总量角度，节能减排有两种类型：一种是总量减排，主要通过建设和运行行为的自身技术、管理措施或改变习惯消费理念实现节能减排；另一种是分布转移，总量没有减排，有时甚至实际上是增排，主要通过提升产业层次、使用先进材料、利用先进设备等实现行业、地区、国家的节能减排。典型的例如一些发达国家利用发展中国家生产的节能减排设备和材料，利用先进技术和资本优势占领低耗低排产业领域和层次等。

因此，生态环境更新政策需要关注成本与效能的关系，重点关注单位排碳的效益、效能，按照"双碳"目标实现总量低碳生态；妥善处理倒逼与淘汰的关系，依据淘汰目标设定倒逼政策措施；加强科学导向，关注切实可行，保持动态完善。

（7）公众参与更新政策

"全过程人民民主是社会主义民主政治的本质属性，是最广泛、最真实、最管用的民主"①。城市更新是面向全体市民、直接

---

① 中共二十大报告。

为市民谋利益的活动，理所当然需要"最广泛、最真实、最管用"的公众参与，应建立更新全体相关方的协商、决策参与平台，保障公众的知情权、参与权、监督权，"以人民为中心"集思广益，以人民利益为出发点和落脚点，形成良好的公众参与更新机制。

公众参与机制的目的是广泛、及时、有效地调查更新的存在问题和具体难点，了解权益人和相关公众的真实意愿，并将公众意见纳入更新项目和经济、社会、技术等要素的决策过程；同时增强居民（更新主体）对更新项目的主人翁感，对更新实施计划的认同感、责任感，最广泛地协同意志、集聚资源、凝聚力量，促进城市更新项目的顺利成功实施。

公众参与机制的核心是利益协调、意见征询、实施行为（包括公众参与）全过程的监督三项内容。其中，利益协调重在依据的权威性、原则的公正性、节点的适时性；意见征询重在方便参与的方式、简明易述的内容和主动参与的渠道、必要及时的反馈；全过程监督重在对利益配置及其公正性、依法依规及其公平性、实施程序及其公开性等关键节点和最终实施效果的监督。公众参与行为自身也应体现"最广泛、最真实、最管用的民主"。

四、动态机制

城市更新的动态机制，是在更新项目组织中，以实施项目为单元，利用项目的相关性和互动性，以滚动推进的方法，促进城市渐进式、分阶段循环发展的一种更新模式。

动态机制重在适应社会经济持续的发展需求和科学技术进步等相关状况，对城市中不同区域、系统或重要的更新对象，通过连续、有序、灵活的方式，整体考量和系统性安排改造、提升、发展等更新计划，获得持续提升的效果，以满足城市的宏观、全局、整体需要和更新的战略、路径、方式需要。

动态机制的关键是通过对"动"的惯性的正确处理，形成积极的滚动效应。

一方面，要合理有效地利用好已经产生的"动"的积极惯性力量，例如进行中或已完成的更新项目对其后更新的诱导作用、启发作用、带动作用以及其他正面影响作用。如果不能有效利用这些积极作用，未能产生滚动的连续效应，那就只是分期、分批的单纯性动态，而不合适称之为滚动。

另一方面，应及时对已完成内容进行总结与反思，并注意避免对成功经验的惯性思维定式，促进更新的持续创新和多样化特色；合理防范无视客观形成条件而对成功经验的简单化效仿和不恰当攀比，以使更新质量和工作水平不断提升。

1.动态机制的关注要点

主要宜包括城市动态、自然与人为的关系。

1）城市动态

（1）自然动态

自然常态，指任何物质和非物质的常态变化不可阻遏，从日常的量的渐变到阶段的质变，有相关自然规律可循。

突发因素，指各种自然的，也包括人为的偶发性灾祸，通常难以进行规律性预测，需要按相关规定备有预案，紧急应对。

（2）人为动态

常规性动态，包括与城市更新相关的各种行为和计划，以及发展趋势预测。更新滚动设想应立足系统和全局的理想角度，发展趋势预判应避免惯性思维、留意非线性动态，尤应关注方向转折性和速度阶梯式等动态及其可能性。

偶发性动态，例如市场变化、新的意愿、创新进步等，应及时对其进行研究和识别，抓住机遇满足需求，必要时进行系统或全局协调、滚动调整。偶发性动态在整体中是非线性动态，但其自身动态有可能是线性的。

（3）周期性动态

主要包括以下四个方面的周期性动态。

一是人口需求周期性动态，主要是特定局部地段的人口年龄结构变化，例如20多年前新开发、以就业人员为主的居住小区中，已有相当比例成了以退休人员为主。

二是设施效能周期性动态，如各种管线，尤其是电梯等动力型、运动型设备，按照其设计工作年限，很多已经到了合理的更新期。

三是技术进步周期性动态，主要包括城市规划建设的新技术、新设备、新材料，尤其是相关强制性标准的变化，例如抗震设防标准提高、普及绿色建筑等，将使采用初建时期标准的对象进入更新范围。其他新技术、新型产业有新能源汽车、低空经济的成熟周期动态等。

四是社会观念动态，一般以一代人为周期，如家庭人口的数量和结构、代际生活方式的变化，以及城市审美观念的传统与新潮等。

2）自然和人为的关系

主要宜关注以下三个方面：

①常态规律性的利用与发展计划性的有机结合。

②突发性必须更新事件、偶发性发展更新机遇的随机利用，

计划性更新机遇的创造利用。

③更新计划的局部与全局的整体协调性，保持动态平衡；从近期向中长期的滚动稳定性，避免大起大落。

2. 动态机制的顺应准则

健康良好动态机制的形成需要遵循一些基本规则，一般宜关注动态依据、效益预期、动态公平等方面。

1）动态依据

主要包括以下四类要素：

（1）自然变化

城市相关物质要素符合自然规律的正常变化，现代科学对此可以比较准确地进行预估。

（2）规则变化

包括与城市更新相关的规定、规则等变化，特别是城市规划建设的安全升级和技术进步等带来的强制性规定的变化。

（3）发展变化

包括发展的水平提升、要求提高，重点导向尤其是方式转型等变化，社会公平理念和底线变化，中长期经济社会发展趋势预判。

（4）逻辑关系

城市更新的发展客观存在一些内在逻辑，对更新项目组织滚动推进应当关注分析和恰当利用这些逻辑关系，尤其是环环相扣的逻辑关系，避免环消链断、滚动受阻。其中主要包括：经济逻辑关系，如产业转型升级、消费市场激活、资本循环增值等；社会逻辑关系，如民生水平提升、社会融合改善、社会网络优化等；经济社会协调逻辑关系，如阶段性、项目性的先后、主次、互补等；工作组织逻辑关系，如中长期的敏感变化、风险防范、及时优化调整等。

2）效益预期

主要考虑以下两类效益：

（1）合理寿命期效益

指各种更新对象现状价值的合理利用和充分发挥，分析自然更新期、技术更新期、水平更新期等自然、人为和市场性因素，考量充分利用其合理寿命期效益。

（2）发展领域效益

指滚动更新规划对相关领域发展效益协调的宏观把握，主要包括经济、社会、环境的领域或门类效益、具体特定门类效益、相关领域的综合效益等。

3）有机动态

城市更新通过滚动推进手段实现城市空间的有序更新与持续优化，需要但不等同于单纯性的分期、分批，应兼顾期、批之间的阶段性与持续性、稳定性与灵活性，协调好期、批之间的连续性，利用好期、批之间的促进关系和影响作用，以使滚动更新成为城市健康、平稳、持续的高质量发展方式。

（1）动态协调

滚动更新的动态协调，应综合考虑分期目标与中长期发展目标，分批的局部独立性与全局协调性，尽可能减少和降低滚动的不利影响，在滚动中使城市在功能、空间、社会等方面始终保持良好的系统关系、领域关系、整体关系。

（2）机会公平

包括在滚动中进行更新和获得更新资源的机会公平，主要综合考虑滚动标准和标准滚动两个方面。滚动标准公平指更新的优先序标准或安排原则的前后一致、公平合理；标准滚动公平指不同时段相关标准的变化、原则的调整，应具有法定性、政策性依据，并兼顾滚动的系列性公平。

（3）时代公平

主要涉及更新技术水平要求和更新资源扶助政策。更新技术水平应当随着经济社会和更新技术等时代的发展进步而水涨船高地滚动提升；更新资源扶助也应在经济能力增强的基础上，使社会文明进步与时代的发展要求相适应。

3. 动态对应

一般宜考虑以下五个方面的内容：

1）规划分期

根据城市总体发展战略，结合城市的自然动态、人为动态和周期性等特点，将城市建成区域划分为若干个更新单元或片区，从城市全局功能和效益统筹的角度，明确各单元的更新目标、内容与相关要求。

2）优先级排序

根据各单元现状的更新紧迫性，结合更新作用的逻辑关系、影响程度、实施难易度等因素，同时应从有利于系列发挥滚动效应的角度，统筹分期分批，设定滚动顺序，优先处理问题突出、影响面广、作用重要、易于实施的区域。

3）滚动推进

按照更新滚动计划安排，具体实施推进，一般主要考虑更新项目实施滚动和更新资金运作滚动。

（1）项目实施滚动

项目的实施滚动是在更新单元内，主要根据现状实际情况和带动、影响作用，选择启动项目；宜能够快速取得成效，获得滚动动能，提振各方信心。根据资金筹措可能进度、拆迁安置合理顺序、建设技术要求条件，以及尽快见效的功能逻辑等，有序跟进、展开后续项目，形成滚动更新态势。

（2）资金运作滚动

更新资金的运作滚动是城市更新中的关键问题之一，需要合理安排项目投资时序以实现资金的良性循环，具体涉及一系列财务和管理活动，具有强烈的专业性、复杂的政策性。单纯就"滚动"的定义而言，其内涵可以理解为将更新前期内容的收益用于或部分用于后期内容的启动，以利于滚动更新的资金链稳定。

4）动态调整

滚动更新就是一种动态模式，要根据市场需求、政策调整、居民意愿等各种相关因素的变化，因时制宜地灵活调整更新计划与实施方案，确保更新工作的针对性和实效性，在变化中保持动态平衡。在项目的实施过程中，应及时关注进展动态与计划的吻合程度、收集相关信息，适时评估更新效果、修正存在问题，对滚动计划进行反馈，并为后续项目的开展提供经验借鉴。

5）两种动态平衡

城市的平衡状态是在社会、经济、环境等多个方面达到的一种相对稳定和谐，是应当追求和保持的正常状态，也是城市更新的一种主要任务。但在某些情况下，为了解决现有问题或抓住新的机遇，推动城市系统向更好的方向发展更新，打破现有平衡状态可能是必要的，甚至是推动城市发展和进步的关键因素。

城市更新中的这两种动态平衡，一种是为了解决现状的不平衡而"追求平衡"，另一种是为了获得新的发展而对现状"打破平衡"以争取更高水平的平衡。两种动态平衡的目标、策略、方法和结果都有许多不同甚至本质性的区别，主要内容如下表：

城市更新中两种动态平衡的区别

动态类别	主要目标	过程特点	逻辑结果	适用范围
追求平衡	维护、恢复、保持和谐状态	渐进式、微改造	保护传统文化，稳定社会网络	历史文化传统为主范围
打破平衡	解决重大问题，抓住新的机遇，实现快速转变	重建、新建较多，便于结构完善，风险不确定性	路径拓宽，变化明显，发展快速	发展机遇范围，严重滞后范围

"追求平衡"注重促进公平、进展平稳和长远的可持续性，动态更为谨慎、稳妥，比较适于现状相关基础性条件良好、能够具备适应时代进步和社会公平的基本条件以及相应发展潜力的情况；同时，宜关注多方案、多效益分析比较，争取追求的综合效益平衡。

"打破平衡"更倾向于改变现状，并重视快速进展，适用于需要迅速解决问题或者抓住新机遇等情况。打破现状平衡的根本目的是追求更高水平的平衡，同时也要加强风险评估防范，准备好应对由此而可能带来的挑战和副作用。

无论选择哪种方式，关键都在于因地制宜、因物制宜、因文制宜、因人制宜、因时制宜。简言之就是"实事求是"，遵循更新目的，克服思维定式；采用适宜方法，得到社会支持；保证更新效益，促进社会公平；选准外力作用点，把握相宜更新度。

第三章 城市更新意图
——目的、目标、意愿

城市更新活动都有具体的意图。去掉"具体"对"意图"进行抽象，城市更新意图可分为"目的"与"目标"两个层次；两个层次的依据和作用各有不同，但都与"意愿"密切相关。

"意图"者"图"也，"图什么"即"为什么"，侧重于行动的目的、行为的目标和计划；"意愿"者"愿"也，"想什么、怎么"，则是更多地强调一种主观的情感、态度或理想。情感、态度、理想是人的内心世界和行为动机的基础，城市更新以人为本，明确目的、制定目标和计划就应当关注意愿，分清目的与目标的区别，厘清二者与意愿的相关关系，分层别类抓住重点。其中，城市更新的明确目的阶段侧重需要组织方的高瞻远瞩和策划者脑洞大开的理想，制定目标阶段则更多地需要脚踏实地、量力而行地结合更新相关各方的情感和态度。

一、城市更新的目的与目标的区别

1.释义区别

"目的"与"目标"一字之差。关于二者的区别，《辞海》中"目标"释义的一种就是"目的"，说明在某些情况下二者可以通用。同书中"的"释义的一种是"箭靶的中心"，举例如"有的放矢"，引自《礼记·射义》，原本形容射箭时要有目标（没有强调中心），后来引申为做事情要目标明确，措施恰当，此例中"的"与"标"即已通用未分。而同书中"标"释义的一种是"非根本的"，举例如"治标不治本"，说明"标"重在现象而非本质，而"的"的中心、核心释义更近似于"本"，也从侧面说明了"的"与"标"不是一回事。笔者查阅其他一些相关资料也没有发现明确的权威解释，总体上似乎目的与目标可以通用，且"目标"常与"目的"通用，而"目的"则常不通用于"目标"。目的、目标具体如何定义似乎取决于其使用语境，有时甚至只是一种个人认识或习惯。

语境在一个专业、行业或一种活动中是大致相同的，目的、目标这样的基本用词宜统一定义，才能有利于交流和相关比较。

笔者认为，在具体的城市更新活动中，"目的"适合用于表达比较抽象的更新"意愿"，包含一定程度的，或者更加接近于"理想"，既给城市更新活动以灵活畅想的空间，也对更新目标具有定向、指导和约束的作用。"目标"则需要表达具体更新的内容"蓝图"，应符合城市更新目的的导向，针对实现目的的需要，支撑目的落实，目标的细化不应违反更新目的导向的精神。更新目的是通过更新达到什么效用，更多地需要统筹兼顾相关理想进行选择；更新目标是为了保证实现目的效用，确定需要更新什么、新到什么效果，对应的支撑和制约等条件也要相对明确。"效用"是本质性的，"效果"是反映本质的一种现象。

例如对于一幢旧建筑或者一片旧区，发挥其区位、设施、产业、人文等作用，使之出新、革新、振兴、复兴等，是城市更新的目的；对片区整体或其中的具体对象进行维修、改造、提升、重建、新建等，是城市更新的目标。

目的可以理解为用途，城市更新的目的就是通过更新发挥什么作用；目标可以理解为路径或手段，是实现这个作用需要做哪些。如果混淆这些性质各异、层次不同的概念而统统归为城市更新的类别或方式，则不利于分析研究其特点并作出针对性应对。

简言之，目的是"做什么用"，目标是"做什么事"。

2. 内涵区别

定义可以明确，内涵也就随之清楚了。目的是更广泛的概念，可以看作一种愿景，表述为什么要做某件事，即行动的理由或意图，帮助指导决策和行动的方向。目标是具体的、可衡量、可实现的结果，通常有明确的实现标准和完成时间。目的提供行动的战略意义和方向，目标则是沿着这条路径的具体布置和步骤。

城市更新目的是指进行更新的基本意图或通过这种意图实现的作用，重在战略性。明确城市更新目的首先需要树立正确的价值观，胸怀科学发展生产力、提升城市竞争力、改善人民生活等方面的美好愿景，体现更新的正确动机和积极意义。更新目的的内涵主要包括发挥更新作用的领域，如经济、社会、环境、人文等，指明更新的正确方向，确定更新的基本原则，明确更新的主要作用。内涵表述总体上适宜比较宏观、抽象，具体表述应结合更新项目的层级和特点，根据宏观战略进行贯彻性延伸、创新性拓展、适地性对应。

城市更新目标是指为了实现更新目的而设定的具体更新内容、对象，特别是可用相关标准、规则、方法进行检测、校核，或便于更新主体和社会衡量认可的更新效果、结果，重在可操作性。更新目标必须与更新目的同向而行，但有别于更新目的的注重宏观、兼顾长远，更新目标需具体、可量化，还可以分为近期和中长期目标。更新目标的内涵主要包括与实现更新目的相关的领域，如结构、功能、文化、设施、景观，进行具体更新的内容、对象等；重在根据实现更新目的所需要的效用、结果，形成可检测校核、衡量认可的量化和形象化的具体目标。

例如对于一幢旧建筑，出新的目的只需要维护、维修的目标，革新的目的需要改造、改变的目标，振兴、复兴等目的很可能还需要重建、转换、新建等更多的目标；反之，一定的目标则对应于实现相关的目的。而这些目标的不同，在更新内容、对象部位、设施系统、形象品质和功能效率、硬件档次、更新水平等诸多方面都可能大有区别。

因此，确定城市更新目标应与城市更新目的相互协调，目标内涵应当对应满足目的内涵的逻辑性需要，目的内涵也应考虑目标实现的可行性，优化完善目的，或者提出目标实现时序。

3. 依据区别

确定城市更新的目的和目标都离不开现状依据。

确定更新目的的依据需要在更大范围如系统、更高层次乃至全局中，根据目前状态考量、比较、选择内容及其拟更新的作用，方向的正确和发展变化趋势的预判对确定更新目的有非常重要的直接影响作用，依据较为综合和宏观；决策的胸怀、远见、战略思维和魄力也常常产生决定性的影响。

确定更新目标的依据首先当然是贯彻更新目的的要求、落实目的自身的需求，具体依据主要来自于目标内涵的现状条件，更新对象如建筑、设施、环境等的适应状态，支撑系统如交通市政、公共服务的完善条件，以及相关规定、规则、规划对目标的要求，同时还必须考虑经济社会方面的可行性、协调性和技术方面的系统性、操作性等影响。

除了现状依据以外，城市更新的目的和目标都必须考虑发展需求，既要使现状条件材尽其用，更要根据发展需求量体裁衣。其中，确定目的主要依据更新主体自身的发展愿景，同时考虑更新对象在系统、全局中的发展作用需求；确定目标根据目的要求，明确相关领域的更新内容，尤其在更新相关标准、水平的目标或指标方面，应支撑更新目的作用的实现。

4. 用途区别

城市更新目的是城市发展的战略选择，着重呼应当前城市发展阶段和经济社会的总体发展要求，针对更新行为或更新的空间范围、内容，把握其在城市经济发展中的促进作用、社会发展的公平和谐、空间发展的功能和文化等政策方向，以及更新完成后的理想效能，用以指导、规范目标。应立足宏观、放眼全局，统筹兼顾经济与社会、效率与公平、功能与文化、改善与低碳、保护与发展、近期与长远、静态与动态等辩证协调关系，使更新活动融入经济社会发展大局，更新效果支持城市发展全局。

城市更新目标落实目的要求、呼应目的需要，应在目的导向下，研究细化需在哪些领域、达到何种目标才能实现更新目的；同时必须通过深入、细致的现状调查，紧密结合现状条件和现实能力，侧重于从技术层面明确更新的对象、内容和标准，具体目标重在内容方便操作、指标切实可行，并可分期实现。

因为更新目的与更新目标的内涵和作用的区别，二者的逻辑顺序或位置不宜混淆。例如直接把对更新对象进行维修、改造、重建等目标作为目的，确定依据就只有更新对象以工程质量为主的现状条件，而缺乏从发展大局、城市全局的综合考量，选择维修、改造还是重建的依据就不够全面、充分。而如果把出新、振兴等目的作为更新目标，这样的原则目标就无法直接操作落实；以目标体系进行分层细化，可以解决操作问题，但混淆了战略引导与落实操作的不同功能性质，也不利于说明、证明为什么选择出新、振兴而不是革新、复兴。

目的和目标，表述有先后，作用有区别，但关系是平等的。二者之间是顺序关系，不是主从关系；是双向互鉴关系，不是单向否定关系。没有目的无方向，没有目标难落实。

综上所述，在城市更新行为中，对于目的与目标的区别宜关注以下几点：一是层面区分，战略决策与实施决策；二是作用区别，规范引导与贯彻落实；三是方法侧重，综合性与专门性、政策性与措施性；四是相互关系，前后顺序与互补相关。

二、城市更新的目的分析

城市更新目的是实现更新目标的根本动机，是所有相关更新活动的最终追求。城市更新首先要有正确的目的，以"有的放矢"地制定恰当的更新目标。如果城市更新目的不正确或相关依据不充分，导致更新目标难以全面贯彻和操作落实，目的的预期效果就有可能无法实现。

城市更新目的不只是文本前面的一段显示政治正确、表达雄心壮志的话语或几句辞藻华丽的口号，其本质作用是整个文本的方向标和逻辑准绳，是在更新全过程中始终遵循的行动指南，是更新最终效果的检验圭臬。更新目的理想化而目标内容少对应、政策措施缺支撑，实施过程中屡见不鲜的偏重景观形象而轻视适用经济，大拆大建或僵化保护，强调公共利益而忽视权益人的合理合法需求，以及强调公共财政支持而淡化产权更新责任等现象，除了贯彻执行不力、方法不当，追根溯源也常因更新目的失准、片面或缺乏支撑条件所致。

因此在编制城市更新规划，特别是更新实施项目的规划和计划中，应当认真、审慎地选择、确定城市更新目的，为更新目标提供正确的方向，以明确合适的范围、恰当的标准；为更新行为提供明确的准绳，以凝聚相关策略和措施的合力；更新活动的示范性目的和相应所需的客观条件、支撑条件，应当可以为后续类似更新活动提供正确的导航。

1. 当前城市更新的背景特点

城市的更新都有各自的时代需求，分析当前城市更新的时代背景应结合城市自身的以下主要特点。

1）发展基础

城市更新的发展基础主要包括城市的经济社会发展现状，影响更新的需求、能力和标准；城市建筑物的各个主要建设时期，诸如功能内涵、生活水平、建筑形制、建设标准、文化习俗、风貌特征、老化程度等许多方面，建筑物的现代适应性、更新的必要性和紧迫性等都有属于各自建设时代的特点，都是城市更新的基础构成和组织更新的基本要素。

立足于具体城市和经济社会发展的基础，遵循国家的现代化和城镇化总体进程，根据城市的发展区位、能量等级、更新需求和城镇化趋势，分析、判别城市的发展与更新的整体关系，把城市的更新与拓展、发展、振兴、复兴等不同目的有机结合起来，进行城市更新的宏观谋划、总体布局和体系构建。

2）发展阶段

当前我国总体上处于经济社会从全面小康迈向全面现代化的发展阶段，城镇化已从过去 30 年侧重于城镇化率的增长转入量质并重、平稳发展阶段，要求"统筹新型工业化、新型城镇化和乡村全面振兴"[①]，城镇化过程与城乡现代化过程融为一体。根据第七次全国人口普查数据，2020 年我国人均住房建筑面积为 41.8 平方米，其中城市人均面积为 36.5 平方米，已经高于日本、韩国等人多地少的周边发达国家；城市物质空间尤其是房地产已从以增量为主向增存并重或结构调整、优化完善为主转变。党的二十届三中全会提出，"面对纷繁复杂的国际国内形势，面对新一轮科技革命和产业变革，面对人民群众新期待"，作为城市发展新阶段中改善生活的重要路径、发展生产的一种渠道，城市更新客观上已经成为城市规划建设治理的重要内容、日常方式和新型平台，持续存在着面广量大、多种多样的需求。

3）发展战略

各个领域都有发展战略，与城市更新紧密相关的发展战略主要可分为以下三类。

（1）纲领性战略

例如可持续发展战略、创新驱动发展战略、高质量发展战略等。习近平总书记在党的二十大报告中提出"高质量发展是全面建设社会主义现代化国家的首要任务"，当然其也是新时代城乡发展和城市更新的首要任务。

因为目前的城市更新优先针对的基本都是问题对象、滞后地段，尤其在滞后地段中，低收入等弱势群体往往占相当比重，在

[①] 《中共中央关于进一步全面深化改革、推进中国式现代化的决定》。

贯彻落实高质量发展战略方面，城市更新需要研究一些具有其自身特点的关系。例如，改善更新与超越更新、问题更新与引领更新、生活更新与生产更新、更新行为与发展方式等。在厘清这些不同更新作用和关系的基础上，明确城市更新高质量发展的基本内涵和总体原则，指导城市更新项目根据更新对象、更新主体等具体情况，结合更新实施条件，选择、确定符合高质量发展要求的更新目的。

（2）相关性战略

主要可分两种。一种是地域性的区域发展战略，主要有京津冀一体化、长江经济带、粤港澳大湾区等战略，城镇群、都市圈战略，其中包含的发展区位、城市能级等关系，对具体城市的更新战略中如何扬长避短、趋利远弊和塑造城市特色等方面的选择，具有非常重要的直接影响。

另一种是领域性的发展战略，例如新型工业化、新型城镇化、美丽乡村等战略，生态保护和发展战略，就业优先战略，以及社会公平等战略性要求，与城市更新的发展阶段定位、城乡统筹、趋势预判、价值导向、策略谋划等方面密切相关、相互影响。

（3）自身战略

即针对城市更新具体内涵的战略，中国城镇化进程总体上已从过去的"粗放式发展"进入"精细化运营"的新型城镇化时代，城市更新必须适应高质量发展的时代要求。

城市更新不只是建筑的更新，主要针对新建的"适用、经济、绿色、美观"的建筑方针传统定义也不能完全覆盖对现有建筑的承袭、维护和改造、提升等更新要求。城市更新行为不是简单的建造行为，也不是单纯的建设行为，而是综合性的发展行为。

城市更新是以物质性对象为主要基础，以更新规划为决策平台，以修建行为为基本手段，不但完善公共服务设施、提升公共服务效能，改善生活生产条件、优化生态景观环境，还要促进经济发展和社会文明进步，整体保持城市活力，提升城市竞争力。

城市更新战略是一种城市发展战略，对照党的十八届五中全会上提出的创新、协调、绿色、开放、共享的新发展理念，当前的背景特点对城市更新的总体要求可以这样理解：创新，注重更高质量、更高效益；协调，注重更加均衡、更加全面；绿色，注重更加环保、更加低碳；开放，注重更加丰富、更加融入；共享，注重更加公平、更加和谐。

4）更新需求

从城市规划建设管理角度，更新需求按其目的层面的作用可以大致分为三种：保障底线、动态平衡、引导发展。

保障底线的城市更新需求是维护社会公平的重要内容，是社会主义制度优越性的基础性体现，是城市更新的优先目的、刚性需求，重在底线相对高度的设定。

动态平衡的城市更新需求是最普遍的常态内容，是城市健康协调发展必不可少的活动，是城市更新的基本目的、日常需求，对具体更新项目和行为都应考虑"动"的日常持续、"态"的健康平稳。

引导发展的城市更新需求是最具生命力的关键内容，是城市持续发展的动力，是城市更新追求的根本目的、活力需求，难在产业转型升级、新型产业植入、经济与社会的发展策略关系。

战略层面的目的需求对于城市更新的发展方向、重点对象、空间范围、更新标准的确定，具有重要的指导作用。"凡事预则立，不预则废"[1]，城市更新应当首先树立正确的目的。同一个城市更新项目可以兼顾不同目的的需求，根据实际情况合理混合组织，以争取获得更好的效果、达到更多的目的。

城市都有经过各自发展历程形成的自身现状特色，所处发展阶段以及更新的需求、内容和条件也各有特点，制定城市更新战略应遵从和贯彻纲领性战略，统筹协调、依托利用相关性战略，区分城市更新战略系统的层次性，注重城市更新战略的地方性。在以人民为中心、实行高质量发展、实现现代化的总体要求下，准确把握城市自身特点、明确自身需求，在城市更新中协调处理好总体方向和基本原则在城市的落地、落实。

2. 目的原则

目的是一种理想的表达、有意的追求，目的的选择需要畅想的空间、长远的眼光、灵动的逻辑，坚持正确方向引导，结合现实客观条件。明确城市更新目的一般应考虑以下几个原则。

1）需求原则

需求是城市更新得以产生的基本条件，不适用于需求的更新就是浪费和折腾。城市更新的需求多样，在类型方面，如生活质量改善、水平提高，公共服务的设施完善、升级和功能提升、拓展，经济发展、产业转型升级，新业态、新质生产力的嵌入等；在主体方面，有个人、集体、公共等不同责任需求；在性质方面，有面向社会全体成员的公共需求、面向个体消费者的市场需求；在时段方面，包括当前的现实需求，过程中的推进阶段需求、动态协调需求，以及某种合理时期的需求预判；在作用方

---

[1]　《礼记·中庸》。

面，可以分为改善提升的行为需求、促进公平的政策需求和路径方式的战略需求等。

城市更新需求普遍存在、持续恒在，须分轻重缓急，雪中送炭优先；努力统筹兼顾，节点、重点优先；局部服从全局，总体协调优先。

2）效益原则

获得效益是进行城市更新的基本目的，合理的经济效益更是城市更新可持续的基础。经济、社会、环境、景观、人文等不同领域各有自己的效益计量方法和考量标准，经济比投入、产出，社会要公平、稳定，环境评生态、环保，景观看美丽、特色，人文讲真实、传承。应当全面考量综合效益，保障环境效益，协调经济社会效益，在此基础上追求人文、景观效益，促进城市更新良性循环、服务持续发展和持续服务发展。

3）价值原则

城市更新的利益归属及其份额是"城市更新为了谁"的最直接、真实的证明，反映了城市更新的效益在相关领域、不同主体之间的配置关系，体现着鲜明的价值取向。利益类型丰富，包括经济、设施、服务、空间、环境等多个方面。利益的配置和获取必须坚持正确的价值导向，既要坚持合法合规，也要适当兼顾合理合情。城市更新的总体价值导向无疑是为了人民的利益、为了发展的需求，价值的配置应当贯彻坚持社会公正、维护社会公平、保持整体协调、保障生活底线等原则。

4）更新建设方针

"适用、经济、绿色、美观"是国家确定的建筑方针[①]，城市

---

① 2015 年中央城市工作会议提出。

更新建设也必须遵循。因为城市更新有许多内容不属于建筑，现有建筑更新的诸多特点也不同于新建，需要对该方针从城市更新建设角度进行理解和贯彻落实。

方针中的四个词分别表达了对建筑功能、建造成本、低碳生态、人文艺术等不同构成要素的指导原则，同时也紧密相关、融为一体，其词序则反映了一般情况下的优先序。

首先突出"适用"，充分体现出建设的目的性。不同于古代提出的"实用"（utilitas）[1]只强调建造物的有用、能用的方向概念，"适用"还包括了适应、适合、适当的概念，在功能、品质和数量等方面，既保证好用，又避免浪费。城市更新主要针对设施旧、品质低、服务差、空间小等不好用的现状问题，本意就是解决现有的这类"不适用"问题，不是满足于勉强能用；反之，如果更新大而失当（空间、尺度、场所环境等）、标准过高（功能、质量、水平等），也都不切合"适用"的精神。

第二强调"经济"，说明其在建设中的基础性作用。对美好生活的不断追求是人们的合理向往，"少花钱、多办事"是人的正常习惯观念，但怎么才符合"经济"的定义则有不同的标准和选择。就原则而言，"适用"是最恰当的经济，适用所需要的功能、质量、规模，达到功能和质量标准的单位面积、体量等的必需耗费，这些要素一般都具有相对明确的标准，其中一些属于刚性对应标准。"选择"的因素则需要认真研究，例如使用主体和用途的需求、适用和不好用的边界条件、适用的合理期限等，都直接影响"经济"的定位；权益人、使用者的意愿和经济能力，也很可能对"经济"的选择产生重要影响。

---

[1]　维特鲁威，《建筑十书》。

在 20 世纪末大型文体教卫类公共设施的普遍新建中，城市层面一度流行的"国际一流、国内领先""五十年不落后"等指导思想，反映了当时发展阶段状态下追赶先进水平的豪迈气概和急迫心情，但对建设，特别是日常需求、运行全寿命周期的"经济"考虑欠周现象不乏，一些专业性文体设施主要依靠展览、会议等非文体功能方可维持。城市更新中的一流、领先，主要应反映在创意水平而不是档次方面，反映在全寿命周期中的运行经济活力而不只是在建设成本方面，适用而且价廉物美的一流才符合"经济"的更新方针。城市公共场地、环境景观等公共产权属性的更新建设尤应关注适用、经济，而属于个人、集体产权对象的更新如果不经济就很难付诸实施。

第三注重"绿色"，这是 2015 年提出的新的建筑方针新增的适应时代发展的新原则、新导向。"绿色"代表了新时代发展的一种主流理念、内容和方式，在城市规划建设治理领域，主要包括保护好自然生态环境系统，节地、节材和全寿命周期的节能、节电、节水，合理利用建设资源（城市更新中特别体现在对现有设施、废旧材料等资源，在适用前提下的充分利用），为人们提供健康、适用和高效的空间等，可以概括为绿色建筑、绿色环境、绿色科技、绿色生活四个方面。所有建设和运行都离不开碳排放，很多"绿色"水平的提高都需要资金的支撑，从低碳生态的角度，"经济"也是一种"绿色"，而各种节约和合理利用等"绿色"就是"经济"的一种方法。

最后要求"美观"。爱美是人类的天性，不同时代、不同对象和不同条件下各有对"美"的追求。新中国成立初期根据当时的经济技术能力和水平，提出"在民用建筑的设计中，必须全面掌握适用、经济、并在可能条件下注意美观的原则。在工业企业的设计中，必须全面掌握技术先进、经济合理的原则"①。当前的建设方针对于"美观"不再是"在可能条件下注意"的内容，而是对包括工业建筑在内的所有建设的普遍要求，鲜明地反映了我国综合国力的提升和时代观念的进步。但其仍然位列方针的最后也明确地意味着，美观应在适用、经济、绿色的前提下，脱离这些前提而一味追求美观就变成了形式主义、形象工程。当然，对于一些必须重点强调艺术性、观赏性的建（构）筑物，例如纪念性设施、重要公共建筑、城市雕塑等，"美观"本身就是其"适用"的组成部分。

特别需要关注的是，不同于传统的"美观"主要属于艺术概念，城市更新的美观还应当包括，甚至主要强调"人文之美"。人文之美不仅包括了视觉、听觉的艺术形式之美，而且涵盖广泛的社会和文化领域；不仅反映了城市生活和景观的多样性，而且体现价值观之美，反映和谐稳定的社会关系，是与人民生活、城市的文化和历史紧密相关的大美。与新建重视主要通过物质显现造型艺术之美的具体特点相比，城市更新的人文之美更多地体现在亲切的社区环境、和谐的社会关系、健康的生活方式、地方的文化特色和鲜明的城市历史氛围等方面。

此外，安全要素在城市更新中也是一个涉及方针的问题，主要是现有建（构）筑物，特别是历史文化遗存的工程质量安全评定，作为保留、保护利用或拆除的主要依据，也是判别是否属于大拆大建的重要条件，涉及建筑的经济、人文性方针内容。

3. 目的依据

目的依据首先是指导思想，这是决定行为价值观和方向的基

---

① 国务院，《关于加强设计工作的决定》，1956年。

本理念或哲学基础，属于一种宏观的理念。城市更新的核心指导思想是一致的，指导思想的构成内容总体上也比较相同。更新的目的基于指导思想结合其他相关要素、因素进行明确，以指导目标的制定、实施行动和决策。具体项目的城市更新目的不应过于宏观，或者混同于指导思想，否则相同的目的难以具体明确项目的行动操作方向。

城市更新目的不是简单的物质性循旧出新、除旧布新、遇破即拆，也不只是点式的环境改善、底线保障、促进公平，而需要从城市健康持续发展、相关系统影响作用的全局，针对更新对象的具体状况进行比选，予以明确。具体项目的更新目的应有充分的依据，而依据来自需求，一般应关注以下四个方面的需求。

1）条件需求

指更新对象及其权益人的相关客观条件。其中，更新对象的客观现状条件主要包括功能发展水平、区位特点、历史文化脉络等，宜以城市的社会平均水平作为评价参考；更新权益人的主体条件需求，一般包括就业等发展能力、迁居的必要性和可能性等。"我们不但要提出任务，而且要解决完成任务的方法问题。我们的任务是过河，但是没有桥或没有船就不能过。不解决桥或船的问题，过河就是一句空话。不解决方法问题，任务也只是瞎说一顿。"[①]，不解决条件需求，更新目的就会落空。

城市更新首先应从城市角度分析更新条件，如果就事论事地仅以建筑物的工程质量现状为依据，那就只是建筑更新，而不能称为城市更新。更新目的的条件需求应重点考虑功能、关系、能力等非物质要素，建筑、设施等物质要素宜作为确定具体更新目

---

① 毛泽东，《关心群众生活，注意工作方法》，1934 年。

标需求条件的依据。

2）意愿需求

指更新对象权益人的主观更新意愿。更新目的直接影响更新目标的标准，需要结合相关权益人的更新成本承担能力和担责意愿的实际情况协调认定。对于更新范围中的各权益人之间、不同性质产权主体之间，以及产权主体和组织主体之间存在的不同主观意愿，应区分轻重缓急，充分协商。更新意向尽量求同存异，并提倡局部服从整体；具体意见可留待制定更新目标和实施中以相应的政策措施区别解决。

3）系统需求

指拟更新对象所属系统的需求。孤立地考虑拟更新对象的条件，就事论事地确定更新目的容易产生短视和片面性，甚至有可能给后续和其他部分的更新带来不利的功能性或政策性影响。因此应考虑系统整体的功能和发展需要，比较拟更新对象的出新、调整、重组乃至消除现状、重新构建等不同更新方向的利弊；分析拟更新对象的相关条件及其在系统中的作用，以判别对其进行更新的轻重缓急。独立权益人的自主更新活动，应以不妨碍系统的正常运行秩序和发展方向为原则。

4）全局需求

指更新活动所产生的直接影响和相关影响的需求。直接影响主要是对更新对象的周边、所在系统的影响；相关影响主要是更新效果对其他相关系统的影响，例如服务功能提升、服务荷载增加对市政设施系统的影响，交通方式改变、客流增加对道路交通系统的影响等。在特定情况下，全局发展需求也可能主动提出进行更新以及更新方向和原则的要求；任何城市更新活动都应当有利于城市全局的协调发展、和谐稳定。

4. 作用定位

城市更新活动是涉及多方面的复杂行为，所产生的作用有可能比活动直接涉及的方面更加广泛而复杂，因此在更新目的确定中，应全面分析实现目的需要进行哪些更新、认清更新活动的作用，以扬长避短、求利去弊，使更新的积极作用最大化，力争不产生副作用。

1）作用性质

作用的性质是实现更新目的的基础性因素。要实现某种目的，必然产生相应的作用；没有相应作用的产生，目的就不可能实现。例如，出新的作用主要是达到改善外观的目的，翻新的作用有可能实现提升功能的目的，革新的作用支持创新的目的。美好的目的应有切实的作用需求，作用的性质必须与更新目的相对应。

2）作用领域

领域是目的作用的直接范围，包括行业领域、专业领域和空间领域等。根据更新目的的层次高低、规模大小，可以从经济、社会、环境、文明等宏观领域进行策划，也可以对建筑、交通、排水、绿化、通信等具体领域进行考量。明确作用领域有利于更新目的统筹兼顾、相关资源适度集中，通常宜以解决现状突出问题为主，兼顾发挥综合效益。

3）作用影响

主要指目的作用的间接效能方面，"庸者谋事，智者谋局"[①]，一般应着重考虑系统、程度、时效三个方面。

---

① 孙武，《孙子兵法》。

一是系统方面，局部更新对系统和全局的功能性影响。任何局部的改变必然产生对外部的影响，对周边的影响相对直观而易感，对系统乃至全局的影响则需要通过专业逻辑或实践经验进行关注预测。例如传统居住地段改为文旅或小商品一条街的更新，必然对现有文旅或商业服务的总量规模、空间布局、档次结构等带来影响，相应就会产生市场容量、服务半径、消费层次等需要进行系统性考虑的问题。

二是程度方面，通过更新以消除、缩小差距，或者发挥导向、试验等不同作用的影响。例如，从社会和环境、景观等角度，消除差距肯定比缩小差距的更新效果更加理想，但更新的经济成本显然更高。明确这样的更新目的就必须考虑更新主体的经济能力和承担意愿，公共财政支持也需要考虑城市中同类、同等情况更新的系统性需求。导向、试验、示范等目的也各有不同的需求条件，作用性质的不同必然对更新目的产生相应的影响。

三是时效方面，更新作用对近、中、远期等不同时段的影响。更新通常都是解决当下或近期的需求，但应当同时考虑结合中、远期的发展。例如城市更新中解决人民群众的急难愁盼问题，既要快速响应，迅速采取行动，也不只是"火烧眉毛顾眼前"地解决当前的危机，还应建立长效机制，预防类似问题再次发生。例如对老旧住房进行更新既需要达到当前的宜居水平，同时也应当考虑中期的宜居水平提升趋势，以免旧房更新后始终处于宜居"洼地"或频繁更新状态；具体进行建筑更新、功能更新还是改变功能等，还应结合更新空间范围功能的长远发展方向，以免更新急功近利、朝三暮四甚至因小失大。

4）作用的主观与客观

主观反映预期，客观体现实效。城市更新作用的主观预期只有通过一系列朝向这个预期的策划、规划、设计、计划和实施等，才能最终形成客观的实效。这一系列的操作和实施都包含有主观预期实现的条件，其中不可预见的变化、见机而作的调整以及无意识的走样，都有可能影响主观预期的如初愿实现。在目的策划阶段，对于主观意愿作用所需要的客观条件，特别是必不可少的关键条件进行充分的预测和合理的评估，有助于从根本上更好地促进主观意愿能够良好实现。因此在确定城市更新目的时，应当考虑目的作用与作用实现条件的相互对应，避免不切实际、好高骛远，以使更新目的更加恰当，为其后的更新活动提供正确的引导和切实的基础。

5. 项目实施组织

任何理想都需要通过相应的实践才能实现，而所需的实践行为是否合理、可行也决定了理想的恰当和可达性。综合考虑项目实施组织的有关问题以检验更新目的的可行性，在城市更新目的确定阶段至关重要，主要体现在以下几个方面。

1）更新资源的支撑性

更新资源的支撑，首先在于更新项目的整合，包括更新对象、空间结构整合，功能系统、景观环境整合，更新基本效益整合等。城市更新项目通常也需要整合经济、技术等多方面资源。其中，更新对象和功能系统资源是明确更新目的的重要基础，聚集相应经济资源的可能性更是明确更新目的必须参考的重要条件，在某些情况下甚至是更新水平的决定性依据。

2）更新要素的对应性

更新目的首先是解决人民群众的急难愁盼，在此基础上还应考虑以相同的资源发挥更多的作用、获得更大的更新综合效益。更新对象涉及的具体领域、空间范围、档次标准等，与城市发展的总体需要、相关领域之间的依托或逻辑顺序，以及空间的结构作用、状态的轻重缓急等方面的关系，都是在明确更新项目目的阶段需要考虑的内容。针对直接表象与间接、综合影响统筹谋划，更新目的才能更加准确、事半功倍，同时减少副作用的产生，避免出现南辕北辙的结果。

3）效益配置的合理性

城市更新目的在客观上都直接关系到更新效益的宏观分布，例如生产领域与生活领域、公共领域与非公领域、发展需要与消费需求、高端引领与保障底线等，一些目的导向还涉及更新产权利益的具体配置原则。

更新效益配置主要从两个方面对更新目的产生影响：利益方面的"为了谁"、功能方面的"为什么"。"为了谁"是城市更新目的的价值导向，不只是"目的"中写着为了谁，而是要看实施的结果谁得益，是否符合更新目的导向，能否维护社会公正、促进社会公平。"为什么"是城市更新目的的战略导向，要看更新目的指向的更新效益分布能否与城市可持续发展的功能系统需要实现有机统一。

因此，在明确城市更新目的阶段预估效益分布，可借此考量更新目的的导向正确性和功能合理性，同时可以评估促进更新目的的经济可行性。

4）主体特点的契合性

城市更新项目都需要合适和明确的更新责任主体。作为更新责任主体，政府机构及其系列的企事业单位主体、开发商等市场主体、业主等产权主体、非政府组织等社会主体，都有因为各自的属性特质而适宜发挥的不同优势作用和应当避免或主动回避的局限。因此需针对不同更新目的特点要求，对相关主体的优势和局限进行科学组织，例如采用合作模式、成立专门项目公司等，以利于扬长避短地形成最佳合力。

城市更新目的多样、主体特性各异，进行实施组织需根据不同更新目的实现的必要条件。主要考虑因素可以归结为两个方面：权益与更新责任，属于经济因素；责任与能力，指产权的更新责任和产权人的更新承担能力，属于社会因素。两种因素都与更新的项目成本、利益配置和更新目的价值导向相关。而如果预估无法或难以合理组织，就可能需要对原拟更新目的进行优化调整。

5）主体能力的支撑性

城市更新项目的实施组织对于项目的成功、更新目的实现至关重要。更新主体通常需要多种能力，主要例如：

物质资源整合能力，有效的物质资源整合能使项目得到足够的支持，并合理、充分地利用现有资源、避免浪费，有助于降低更新成本。

经济效益创造能力，能够确保更新项目经济可行，同时有利于增加就业机会、提升更新地区经济活力，能够为当地带来稳定收益等。

公众参与组织能力，有助于更新项目符合权益人实际需求，能够加强社会融合、提高项目的接受度和社会效益。

沟通协调平衡能力，具有大局观念和公平意识，能够与更新的利害相关者及时进行有效的沟通或合作。

依法实施能力，包括遵守城市更新政策、城市规划、环境保护、历史文化保护、技术规章等相关政策法规，确保不影响更新项目的合法性。

三、城市更新的目标分析

与目的对战略性意义和方向的抽象和概念相比，目标应具体和量化。根据城市更新目的内涵需要，分解城市更新的具体目标，呈现为可衡量、可实现的要素及其指标、标准，明确更新的对象和内容、更新到什么程度、达到什么效果，以便于在此基础上将具体目标细分为一系列城市更新活动。

1. 更新对象类型与基本特点

城市的所有构成要素都有可能成为更新的对象，类型包括：物质类的各种建（构）筑物等，及其质量、功能、景观、水平等；非物质类的功能、文化、风貌、精神等，及其反映或体现出的先进性、时代性、地方性、公平性等；还有似物非物、若无实有、无所不在的"空间"，如城市与区段、生活与生产、公共与私人、室外与室内、联系与关系等不同性质和特点的空间。

物质和非物质两类对象是城市更新的动因所起、目的关注，当前阶段通常尤以物质类对象为基础动因。空间在没有物质性要素限定的情况下会变得非常复杂，涉及法律的产权问题、社会科学的认识问题和实际操作等多个层面。因此在一般情况下，空间类对象本身不会成为城市更新的动因对象，然而因其无所不在的特点，任何城市更新都包含了空间的更新。

按照对象的更新问题特点及其对于更新目标的不同作用，可以把这些城市更新要素大致分为三大类：独立设施类、系统类、基因类。其中，独立设施类是城市更新活动的主体目标或基础性目标，系统类为城市更新主体目标的需求提供相关服务支持，基因类影响城市更新结果的效率和品质。

1）独立设施类

此类要素从工程或空间角度都是独立的个体单元，可简称为"设施类"，包括建筑设施类，即直接用于生活、生产的各种建（构）筑物；环境设施类，如场地、空间、绿化、城市家具等。

有城之始，设施类要素就是城市的构成主体、利用的功能载体。在历史长河中应时产生并演变至今，其中部分设施因自身老化、时代进步，出现利用等方面的问题而引发更新需求，通常是城市更新的主要对象。

利用者对设施的功能效果多有直接、即时的各种感受，并产生评价和选择；设施类要素都有明确的产权人、权益人，更新需求直接、易感，因此设施类更新多具首发性，并都有可能引发其他相关更新需求。

2）系统类

主要包括：市政系统类，如水、电、气、通信、环卫、防灾等各类管线和设施系统；社会系统类，如人口结构、居民结构、消费结构等；功能系统类，包括功能结构、岗位结构、就业结构等；基础系统类，包括专业性的道路交通系统、综合性的城市空间系统。所谓基础，是指系统的原发性和基础性作用、全面性影响；自古建城就是盖房、筑路，城墙尚在其后，现代城市更重视"交通引导发展"。空间系统是城市的综合载体，道路交通系统是空间载体的骨骼，其他系统则是载体的经络、血管。

系统类要素构成城市的网络、支撑城市的运行，须臾不可或缺，除了基础系统类外多不易直接感受，甚至不可见，但与各个局部乃至个人直接关联或者整体间接相关，互动关联是系统类要素的基本特点。因为不可或缺的支撑作用，进行每一个局部的更新活动都涉及系统的变化，必要时需考虑系统的功能等特点，与系统的能力协调适应，使局部更新活动得到系统的支撑保障。

系统类要素经常遇见的是因其他类更新活动而引发的问题，其中的一些问题有可能成为系统类更新的需求，在需求的量变充分时就可能带来系统发展的契机。系统类也有自身的更新问题，包括其他更新活动触发和主动引导发展更新，此时系统类更新的特点与设施类相似，是直接的、局部的问题，其更新活动属于首发性、主动性的。

3）基因类

例如传统的历史文化、城风民俗、专业技能，现代的发展理念、保护意识、社会文明风尚，以及技术规范、管理规则等。

基因类因素属于综合素质问题，从本质上对城市更新的动因、作用、质量和品格等产生全方位的影响；通常不归为城市更新活动本身内容，但确实是更新活动的核心素材，在城市更新中无处不在；不是城市本体，但处处反映出城市的观念、能力、文化品格和精神风貌，城市的生命力也体现着城市基因的时代适应性。

城市基因随城市而成长、发展，与城市一样不进则退；物质的滞后区必定伴随有非物质类的基因滞后因素。城市一旦产生了更新需求，原有的基因也必然需要相应的发展，否则就难以适应新需求、开辟新局面。基因类问题既有融入系统内的、展现在面上的，也有体现在具体更新活动和行为中的，组织方、相关方都有对其进行更新的义务和责任。

把城市更新对象简略分为设施、系统、基因这三类，是为了便于分析、比较其不同特点，而在更新的实际活动中，它们都相互关联影响、渗透融合，有些甚至相互密不可分，并因各自的属性特点及其在更新活动中的角色定位而发挥不同的作用。

2. 目标的相关性

制定城市更新目标需要通天接地，或者说贯通天地，其中的"天"就是更新目的，"地"就是相关对象实况、实际更新需求和实施实现可能。"高大上""接地气"各为城市更新目标的依据和条件，目标的制定就是要接通、贯通二者，形成既科学合理又切实可行的目标或指标体系。

制定城市更新目标应重视发挥更新的三个相关作用，包括更新对象基础目标的直接相关作用、功能或系统优化完善的间接相关作用、对城市发展探索引导的影响和相关作用。三个作用协调形成合力，使城市的动态更新成为城市可持续发展的重要路径。

1）直接相关作用

直接相关作用是更新目标实现后所发挥效能的基本内容，是更新目的有否达成的直接体现，因此这是必须达到的作用。最为常见的例如，传统民居通过修复式更新，能够改善市政服务和保温隔热性能、拥有更好的居住环境、提升居民的生活质量等，使得居民可以直接从中获益。因此，这种更新目标的直接作用应当达到质量安全可靠、传承优秀文化、改善公共服务、实现现代宜居等要求。如果上述目标内容和更新对象的现状质量、更新成本、地段的整体发展或其他必要条件如就业能力或综合素质等难以兼顾，原来理想、全面的更新目的难以"接地气"，则需要根据现实条件对目标和目的，或者更新方式相互反馈，使二者协调一致、天地相通。

2）间接相关作用

指在本体支撑下通过一些相关行为发挥的其他作用，达到其他利用效能的目的。仍以传统民居的保护更新为例，一种间接作用是上述的生活居住更新目标能够让居民继续在熟悉的环境中生活，从而可以保持原有的社会关系和社区结构，有利于维护社区稳定性和居民的情感归属。另一种间接作用如不考虑现代宜居而将传统民居改造为文旅、商办等其他功能，以丰富利用方式、拓展保护具有历史文化价值建筑为渠道，从而间接地促进当地经济的发展。与直接作用不可或缺的基础条件和本体目标相比，间接作用的基础条件有所区别，作用目标也有更多的选择。

3）影响相关作用

这种作用是直接和间接以外的作用，也是更加需要在城市更新中关注研究、努力发现和创新利用的作用。

从"影响"词义理解，可以认为影响作用有几个特点：基于本体，从本体出发，不是本体的固有意义，而是系统作用的发挥。

基于本体，如果没有本体的存在，就不会有相应的影响。例如，传统民居的存在是进行保护的基础，没有其存在就不会有保护所带来的各种影响。如果在城市更新中因为某些不可抗因素或本可避免的因素拆了这些传统民居，更新的影响作用就会产生变化，相应地也对更新的目标甚至目的产生影响。

从本体出发，影响基于本体的本质属性而产生，但不是停留和局限在本体，而是出发和扩展的。在传统民居的保护更新中，保护更新活动是从具体住宅建筑、院落和环境等对象本身的属性特质出发，不是停留、局限在保护其原有价值的优秀历史文化，而是同时还要使其能够适应现代社会的需求。

不是本体的固有意义，而是系统作用的发挥，是指本体自身原本没有这些影响，其是由本体与外部因素相互作用产生的结果；更新目标自身不包括这些作用，而是实现目标就必然产生，或者附加某些条件就可以产生这些作用，因此影响作用是超出本体固有价值之外的产物。例如保护更新后带来的经济效益，原非保护传统民居本身固有的意义或目的，而是由恰当的政策、措施和实施等保护更新系列行为产生影响作用的结果。但如果不利用，或者不能利用这个影响作用，传统民居保护就会成为经济负担、不可持续甚至无法进行，保护目标、目的就会落空。

影响相关作用常见类型如复合影响、示范影响、长期影响等，客观内容丰富，主观创新无界。具体例如积极效果的诱导、先进做法的启迪、改善社会公平性、保护文化多样性、教育和学术研究交流、助力于历史文化的可持续发展等。

3. 目标的选择整合

有别于目的的宏观意义和方向性，城市更新目标需要在目的意义和方向指导下的、明确的实际作用和具体性。当前所处发展阶段，更新目标主要立足于建（构）筑物等物质性改造，包括社会、经济、文化等多方面的综合提升，推进智慧城市、新能源等新型基础设施的建设，提高城市的智能化和可持续发展能力等。

城市是有机综合体、复杂巨系统，局部的变化都可能产生相关影响甚至连锁反应。因此城市更新目标不但要做好对象本体的更新，还应考量由此产生的其他相关需求，例如住房条件改善与装潢材料、家具、家用电器的关系，停车条件改善与房价、汽车市场、城市交通的关系，中心功能提升与中心体系结构、空间布局、客源分布的关系等。

全面考量相关需求及其影响，以利于存利去弊、扬长避短地完善、校准城市更新目标，充分发挥发展方式和路径作用，达到综合协调地"促进生产、生活、生态功能动态平衡""促进各类产业发展动态平衡""促进各类人群构成动态平衡""促进物质文明与精神文明动态平衡""促进城市发展与城市治理动态平衡"[①]的目的。

同时也应当认识到，相关需求不会穷尽、无法穷尽，服务需求也不必穷尽，在必要的情况下适当地抓大放小、先主缓次、求近趋远，就能够保障城市在动态平衡中持续协调发展。

针对具体对象进行更新目标的选择整合一般宜了解、分析和斟酌以下五个因素。

1）对象问题

发现问题是解决问题之始，此处"问题"属于中性用词，包括需要克服或解决的问题以及应当利用的优势、可以挖掘的潜力等相关状况和特点。

城市更新实践中发现问题的方法多样，已经相对较为成熟并形成了系统方法。主要方式如针对更新对象客观状态的现场踏勘、听取更新权益人主观意愿的调查访谈、相关人等公众参与的问卷调查、专业性组织进行综合或专题的城市体检等。

发现问题阶段的内涵意义，是选择切合实际需要的更新技术角度和尽量符合主观意愿的更新组织角度，是集思广益，同时也是广而周知、凝聚人心的重要过程；主要作用是提供更新目标素材，相关的数据统计、内容归类，尤其问题归纳、对策建议是这个阶段的成果；其对于制定更新目标只是初级产品，而不都是可以直接利用或依据的成果。

准确识别存在的问题，对于确定更新对象、制定更新目标以及后续问题的有效解决至关重要。在发现阶段的初步成果基础上，

---

① 范恒山，《人民要论：努力实现城市发展动态平衡》，人民网，2018 年 3 月 1 日。文中小标题摘录。

需要分析比较、识别差异，对比现状与期望之间的差距，把收集到的问题信息按照特点分门别类。例如，属性方面有事实问题、意愿问题和认识（包括专业领域的非规定性、规范性认识）问题，程度方面有需要解决、应当解决和急需解决的问题，主导性方面有产权责任、公共责任和共有责任问题，可行性方面有现阶段可以、难以（需附加特殊条件）和无法解决的问题等。在深入细致地识别存在问题的基础上，为制定更新目标提供来自更新对象和更新主体角度的依据，这是更新目标的基本依据和主要依据。

2）外部关系

外部关系包括要素和因素两种形式，随关系的性质区别和相关性的强弱，对于更新目标的制定，客观存在或可能产生包括支撑、影响、比较等多种作用。例如，城市或地段的功能、设施系统等，即是更新对象的生态系统；市场需求的内容、类型、档次等变化，直接影响更新对象的供求关系；社会文化氛围和趋势的变化，可能对更新意愿偏好产生导向作用；标准和规范的技术进步引起更新改造的质量和水平等要求变化，由此影响更新建设成本和对留、改、拆方式的判断；宏观经济环境对消费意愿和企业投资能力的影响、同类更新的动态及其竞争态势、相关政策法规的变化等，都有可能与更新目标的制定直接相关。

制定更新目标时考虑外部关系，通常宜采用四步闭环式的反馈过程：

第一步拟定目标，首先提出希望实现的具体更新目标。

第二步评估影响，分析这些目标将与，或者需要与哪些外部关系存在或产生影响，评估产生影响的特点和程度。

第三步趋利避害，针对这些不同利弊的影响，谋划趋利避害的可行措施。

第四步反馈优化，最后将具有，或缺乏可行措施的影响分别反馈到拟定更新目标的优化调整中。

这个反馈过程可重复进行，直到解决问题，形成可行的理想目标。这个过程是一个逻辑过程，不是一种固定的操作顺序。

3）发展需要

"发展是硬道理"！振兴中华、实现中华民族伟大复兴，没有发展，一切美好理想皆无可能。从这个角度理解，所有城市更新行为都需要有利于发展，即使是历史文化也应当古为今用。对于规划建设治理领域中的城市更新和历史文化保护传承工作，"在发展中保护，在保护中发展"是总体遵循的方向、所有政策措施的基本原则。更新就是在承袭基础上向前进；脱离基础没根基，不能前进白折腾。

从城市规划建设角度，特别是规划编制阶段，城市更新考虑发展进步一般应关注以下几个主要方面。

（1）经济发展方面

包括吸引投资、创造就业机会等，关键在于通过更新规划目标及其条件的实施能否提升更新区域功能的持续经济活力。

首先是规划更新目标的实施成本效益对投资的吸引力，包括更新内容与成本构成政策的关系，物体和配套设施、景观环境等更新档次。按照低碳生态、绿色智慧的理念，重在适用的目标、高妙的创意和适当的成本，而不是靠非理性的资源投入去片面追求华而不实的视觉效果。

二是规划功能更新对投资的吸引力，立足现状而不限于现状，放眼系统和市场需求，谋全局而定一域。对投资具有吸引力的功能更新能够直接促进经济发展，还有利于吸引对物质对象本体更新的投资，形成一种产业更新模式。

城市的现状功能布局结构，总体上是在以避免环境污染为重要手段的历史时期和"功能分区"规划理念下形成的，当前已经具有严格的污染许可和治理制度、信息化等初步现代化的发展基础；城市更新需要积极、恰当地运用混合用地的方法，因地制宜地选择中心化或去中心化结构方式；破除产业门类的传统布局思维定式，特别应关注转型升级、新业态、新型产业和新质生产力等新时代发展导向在更新地域的应用落地、融入。

三是就业考量，包括岗位的数量、类型，尤其是岗位的层次和品质、收入；更新地域原有居民的就业需求、就业技能教育培训，都需要以功能更新的类别和可行性为导向进行统筹协调。

（2）社会发展方面

社会发展领域广阔、内容丰富、关系繁杂。如果说经济发展问题是相关更新项目需要努力争取解决的，那么社会发展问题则是无所不在、无可回避的。现阶段开展广泛的生活性城市更新，更是普遍涉及社会保障、社会公平、社会和谐、社会文明等问题。在一定程度上可以说，当前城市更新的目标及其内涵关系主要是针对解决社会发展问题的。

社会保障方面，主要有提升生活居住质量，如整治居住区环境、增加绿化面积和体育活动设施器材等；完善基本公共服务设施，如通过建设生活圈优化公共服务设施布局、提高居民生活便利度等；构建适老化、适幼化的社会保障系统，如养老、休憩、康乐、无障碍设施等。

社会公平方面，主要包括老旧小区、住宅的安全性和宜居水平的改善和提升，其中低收入群体的住房保障尤其是城市更新目标的重点和难点；教育、医疗等基本公共服务设施的布局结构优化，应在遵循相关行业运行规律的前提下提升所需公共服务的便利性和公平性；以及公共环境、场地、场所的分布和品质方面，对以解决有无矛盾为主的时代形成的中心化现状，优化布局、提升均好性和生活性。

社会和谐方面，例如公平和谐、习俗和谐、交流和谐、价值和谐等，包括物质和精神两个层面。

公平是和谐的基础，自古以来"不患寡而患不均"的传统理念，特别是当代社会主义共同富裕的制度，都提示或要求城市更新的公平和谐；不但要关注物体和环境等功能、景观、品质的改善提升，更要注重相关资源配置的公平和公正，尤以基本公共服务均等化和补偿安置公平为要。

习俗和谐是社会秩序良好的前提，在城市更新中主要体现在住区居民的新老成分、消费特点和文化偏好等方面的筹划安排。两千多年前的春秋时期即阐明了"四民分业"[①]对于社会和谐等方面的良好促进作用。在很多城市中至今都有历史上以功能、行业或社会地位等命名的地名文化遗产，其中仍然适合于当代的优秀成分应当在更新中汲取和传承。

交流和谐是公平和谐和习俗和谐的推进器和催化剂，更新必然带来各种变化，需要通过交流逐步和相互适应。城市更新中因地制宜地创建如公园、绿地、广场等公共空间，可为居民之间的交流提供必要和便利的条件，以增进其相互了解、公平理解、习俗融合。

价值和谐需要增强社区凝聚力。城市更新中重在针对共同需求，妥善利用共同利害关系，形成最大化的共同价值趋向，特别需要重视人口结构、消费能力、不同年龄构成及其各自需求特点

---

① 管仲，《管子》。

因更新产生变化的应对；同时应当充分发挥社区基层组织在社会文明方面的引导和推进作用。

（3）环境保护和发展方面

环境已经成为越来越重要的议题和现实的问题，全球气候变暖、极端天气事件频发等环境问题已经对人类的生存和发展构成了现实的巨大挑战。在此背景下，城市更新需要根据当地环境和发展阶段等特点，针对传统和新发的环境问题，立足于现状，并结合环境发展趋势进行目标选择。除了专门性的污染防治与回收利用，城市更新一般主要包括三个方面：生态修复和生物多样性保护、绿色建筑技术应用、水系统和其他防灾系统工程。

生态修复如植被和湿地的恢复、河流修复等，主要针对在过去发展过程中的受损生态，注重系统功能、自然生长和修复能力，在此基础上关注生物多样性的保护与恢复，以保持和促进生物链的健康活力。城市更新中应尽可能减少以人工替代自然、以气派指代生态、以规模取代多样性，尤应关注自然的生长和恢复能力。

绿色建筑技术应用在城市更新中的最为复杂的因素是系统问题。如果把一幢建筑看作一个保温隔热的封闭系统，新建是全新打造，好像一个盒子；更新则基本都是局部改造，处理不当就可能成为一个跑冒滴漏的笼子，或者好像在笼子里面或外面套一个盒子，前者功能不绿色，后者成本不"绿色"。因此，建筑改造更新是否达到绿色标准，需要从功能和成本两个角度综合评价。

各种城市防灾系统中，在更新中矛盾最为集中的不外乎水、火。旧区街巷通常狭窄且转折、弯曲，特别是在街巷格局和尺度都需要保护和延续的历史地段，采用传统材料、新设备和新的生活方式等火灾隐患高，一旦发生损失则无可挽回。更新实践中已经普遍开始探索针对性的消防理念、政策和措施。

水系统问题更加综合，饮、用、中、污，雨、洪、涝、渍，诸水关联、相互影响；在全球气候变化中，瞬时雨量等出现"百年未遇"已成常态。2009年"莫拉克"台风期间，我国台湾阿里山测得24小时和48小时降雨量分别为1623.5毫米、2361毫米，逼近世界降雨量极值纪录[①]。极端雨洪的发生已经严重冲击现有的城市防洪、防渍标准，而按照这些标准形成的城市现有防灾系统已经面临现实的威胁，当前相关行业已经开始采取相关措施。城市更新应理性结合发展趋势，因地制宜分析和利用相关水（例如涝与渍）的不同特点，合理区分城市防洪和海绵城市的各自功能优势，从系统和标准的角度考虑水系统可持续性的更新目标。

（4）基础设施现代化

基础设施的更新目标总体上根据经济社会环境发展的需要，以服务需求、支撑发展为基本原则。传统的包括空间性的城市交通系统的改善、多样性的通信网络的升级、水电气等管线系统的优化等；城市更新中还应关注文化等领域发展的新形态、新业态，特别应重视更新地域融入新质生产力所需要的相关设施的内容和标准等条件，将其纳入更新目标。在满足支撑发展需求的基础上，还应当考虑"引导发展"的可能性，例如发挥交通的"先行官"作用，把"适度超前"作为更新目标的原则之一。

（5）传统文化的现代化

传统文化是城市更新中普遍存在和绕不过去的问题；在全球化背景下更加需要重视文化多样性保护，如何保护和传承本土文化、地方特色成为城市更新的重要目标内容。就整体而言，任何

---

① 张学圣（台湾成功大学教授），2024年中国城市规划学会城市生态规划专业委员会年会发言。

传统文化都有优秀、一般、糟粕和不适应等不同组成部分，因此存在保护、传承、淘汰和更新等不同需要；从逻辑上讲，更新就是一种发展，是传承和弘扬的必要渠道。

中共中央办公厅、国务院办公厅于 2021 年即专门下发了《关于在城乡建设中加强历史文化保护传承的意见》，要求"构建城乡历史文化保护传承体系"，其中明确指出"城乡历史文化保护传承体系是以**具有保护意义**、承载不同历史时期文化价值的城市、村镇等复合型、活态遗产为主体和依托，保护对象主要包括……**保护传承共同构成的有机整体**"。城市更新重在正确识别、明确区分保护意义，以真实性保护和发展性传承"共同构成的有机整体"为确定传统文化更新目标的总体指导原则。

传统文化包括物质和非物质两个方面，更新之道和侧重各有不同；物质文化与非物质文化也密不可分，保护更新不能顾此失彼。因为物质文化的创造都源自一定的非物质文化背景，例如中国古建筑中，群体序列是礼仪文化，空间韵律是等级文化，特定的造型风格多反映了当时、当地的社会主流价值观和营造工艺特点。城市更新中的规划设计用传统文化还是现代技艺、用地方文化还是通用标准进行诠释，是一个经常需要关注和探讨的话题，而这个话题的结论直接关乎保护、传承、融入等不同的目标。

4）目标内容

城市更新目标内容的构成总体上应统筹协调体现三个导向：问题导向、优势导向、目标导向。"问题导向可以突出难点重点，优势导向得以扬长避短，目标导向用以把握整体方向，应在认清具体导向内涵的基础上整体协调处理好不同导向之间的相关关系"①，目标内容的形式是"做什么"，本质是解决哪些问题。

解决更新目标问题一般宜关注三个层次：更新对象本体问题、对象自身系统问题、相关要素问题。例如，居住建筑（包括本体的管线等设施）是更新对象本体，与建筑本体相连的环境、交通、市政、防灾等是对象自身系统；不与建筑本体相连的有关公共服务配套设施及其布局等空间类要素，以及与更新结果直接相关的建设和过渡成本等经济要素、就业和培训等社会要素，都是更新目标的相关要素。三个层次中，对象本体问题肯定会得到重视，自身系统问题也不太可能忽视，相关要素尤其经济社会要素，如果规划阶段不作考虑，实施阶段也回避不了，结果就可能影响更新目标的顺利实现或如愿实现。

目标内容还直接受制定动机的影响，综合三个导向、三个层次形成制定动机。根据对现状的承袭程度，一般可以分为顺势、转化、改变三种动机。确定动机必须依据和统筹相关条件，尤其是法定保护、经济成本、利益公平、社会稳定等刚性制约条件，并对相应更新结果进行预判比较，反馈协调、完善更新目标。

5）目标等级

目标等级是对目标内容的一种定位，体现把问题解决到什么程度，等级与内容共同构成指标体系。城市更新目标等级主要有功能的先进性、品质的高中低、数量的大中小等，应以近期必达目标为主，结合中长期的理想目标进行设定。

具体项目更新目标等级设定一般宜考虑以下几方面的因素：

一是设定依据，根据法定权益和责任原则，可由权益人自定，或由责任方确定。

---

① 张泉，《漫步城市规划》，中国建筑工业出版社，2023年。

二是等级效果，必须符合更新目标总体要求和更新目的原则导向。

三是等级影响，其中尤应重视公共责任目标等级在发展方向（包括绿色）引导性、先进做法示范性、资源配置公平性等方面的影响作用。

四、城市更新的意愿分析

一切城市更新行为都来自更新意愿，而意愿起于诱因。

1. 意愿的诱因

更新意愿的诱因种类很多，可以大致分为内部诱因和外部诱因两大类。

1）内部诱因

内部诱因在具体条件下各有不同，主要如以下因素。

首先是个人的需求和欲望，其他因素最终都可以归集到此。城市更新中其主要体现在对于住房、设施、服务、环境等方面的个人（家庭、集体）需求，包括普遍性的基本需求，如生理需求、安全需求、保持正常生产效率的载体和环境需求等；特定性的心理需求，如自尊心、归属感等。因需求而产生的压力以及获得更新成果的欲望，都是更新的内部诱因，都有可能成为驱动更新行为的重要动力。

其次是认知因素，对于城市更新的内涵关系、综合作用、系统影响、责任权益等方面，因为个人的知识范围、相关偏好、价值取向、思维方式等具体特点，也会影响人们的行为意愿，或者从各自的具体更新目标角度，影响其是否有付诸行动的意愿。

其他如自我效能感、成就感，个人荣誉感、集体荣誉感等价值观和信念，都会影响人们对于更新目标和具体更新行为的看法与选择。通常成就感强的人容易产生对良好更新结果的期待，个人荣誉感和集体荣誉感也都可能成为其加入行为和行列的诱因；自我效能感强的人有较强的自信心，更加愿意尝试新事物，最宜在城市更新中予以关注。例如笔者的一位高邻，自 2006 年入住以来，室内更新已经 4 次，装潢材料和家具、电器等基本上 4~5 年更新一次。当然凡事皆需有度，这种行为从个人角度需要相应的经济实力支撑，从城市更新健康导向角度，也应当考虑低碳生态和绿色生活的导向。同时这也说明这种市场需求客观存在，城市更新应当关注研究、正确引导，并可通过恰当的途径和其他更新方式发挥其积极作用。

2）外部诱因

城市更新的外部诱因比内部诱因更为多样，而且相互关系更加复杂，可以简化归纳为吸引力、压力两种性质。同一个因素既可以是吸引力，也可以成为压力，主要取决于更新政策的系统设计。例如美好的环境是吸引力，保持美好环境所需条件和措施的要求就是压力。同一个力既可以起到吸引作用，也可能起到压迫作用，关键在于政策措施的因地、因时制宜。例如此次更新的美好环境对此地起到吸引作用，而对于邻地乃至异地，对于下次尤其是紧接着的同类更新项目，就客观存在着压迫作用。

"外因是变化的条件，内因是变化的根据，外因通过内因而起作用"[①]。更新主体的内部诱因在外部诱因影响下发挥作用，外部诱因在合理范围内具有更多的作用点、更大的主动性，对内外

---

① 毛泽东，《矛盾论》。

诱因应妥善结合、积极利用，主要宜关注以下四种作用。

（1）更新效果示范作用

城市的特定发展阶段和建设历程中形成的各种物质及其功能、水平和生产内容、文化内涵等，随着经济社会发展、生活水平提升、交通和生活方式改变、社会结构和习俗演变，以及物质性的自然衰退等，使更新市场需求存在能够预测的变化规律。遵循城市发展演进客观规律，可选择公众参与更新的可能性较高的普遍性问题，以更新的良好成果和效果激发人们的更新意愿。

（2）更新条件示范作用

更新条件主要指某种更新项目的客观状态和标准，有时也可能包括了如资源等某种价值的转移。取得良好的更新效果就能对条件相同或相似的更新起到示范作用，因此效果示范同时也客观包含了条件示范。如果获得效果的必要条件无法普遍具备或方便推行，这种效果就只能被欣赏、羡慕而难以起到示范作用，或诱导出等、靠、要心态，甚至有可能造成城市更新中的不公平。例如属于个人产权的居住小区更新，如果以公共资源进行支持，就应当考虑对同类其他居住小区更新能否给予同等支持的公平性，厚此薄彼很可能产生副作用。因此对于条件示范诱因需高度重视科学合理和切实可行的诱导方向。

（3）更新政策导向作用

相关政策、法律法规会对城市更新行为产生直接的重要影响，包括限定性技术政策（如必须更新的内容范围）、激励性经济政策（如公共资源支持补贴）、鼓励性社会政策（如辅助完善公共服务）等。运用政策措施作为城市更新的外部诱因，应以城市经济发展水平为基本依据，合理运用技术进步成果和产品，针对潜在近期更新需求，发挥启迪、带动和"点穴"作用；宜因势利导、去疑纾困，揠苗助长或无责包揽的性质都有可能诱发浪费行为和高碳趋向，不利于城市更新综合目标的实现。

（4）社会文化氛围作用

社会行为规范、地方文化背景、亲友同伴认知，乃至工作、居住的环境条件等，都会影响人们的行为意愿。例如改革开放初期，阳台外面多自装有伸出近米远的晾衣架，不但不美观，还影响下层住户日照通风，但家家户户如此就挺和谐。21世纪以来封阳台几成固定模式，以前那种简陋的晾衣架也几乎绝迹。

在城市更新中，这些内部诱因和外部诱因的先后次序不定、主次作用可易，相互作用、共同影响更新的行为意愿，意愿的形成也是由多种诱因综合作用的结果。在具有更新客观需求的前提下，重在积极发挥外部诱因的主导作用和决策作用，合理利用内部诱因的主动作用和启动作用，以启迪、激发城市更新意愿，培育、繁荣城市更新市场。

2.意愿的条件

城市更新意愿的产生和确定都有其相关条件，对其利用也需要分析相关条件，主要可以分为以下几种。

1）需求条件

"需"是更新行为的基础，"求"的欲望则为行为提供方向和动力。因此需求条件是基本条件，没有需求就没有意愿，有需无求也很难产生足够、充分的行动意愿。

对于住房安全这样的基本生存条件，有需无欲也可以产生意愿，因为这对于居民的感受是本能性的，无须想；对于社会是道德性的，"安得广厦千万间，大庇天下寒士俱欢颜，风雨不动安如山"[①]生动表达了这种中国传统的社会道德情怀；对于政府则属于必须履行的基本责任，不取决于"想不想""能不能"。

经过改革开放40多年来的发展，住房的基本生存需求在当代已经只是偶尔出现的需求，在个别发展滞后的城市中也只是更新的一小部分。对于当前普遍性的城市更新，有需无欲不足以产生足够的意愿，需要通过其他因素，如前所述的吸引力、压力和通过宣传、沟通改变认知等方法，激发起"求"的意愿。

因为城市更新需求的多样性，需求条件的性质也是丰富多样的，例如经济、社会条件，设施、功能条件，刚性、弹性条件等；空间横向有个人、集体、系统、整体等不同需求条件，时间纵向有眼前、近期、中远期、全局等不同需求条件。

2）利益条件

利益是更新行动的根本动因，当意愿方认为将意愿付诸行动能够带来对自己有利的结果时，才有可能采取这样的行动；因此利益条件是必要条件，没有利益就没有动力，更新行动就不会发生，或者难以形成足够的合力。

前文所分析的城市更新利益中，有基本利益、合法权益和利益占比、利益公平等多种要素，其所需条件也各有特点。例如，基本利益属于按照城市当前水平保障安居不可或缺的条件，因此住房困难户的基本利益是需要优先考虑的，但不一定都有具体针对性的法定依据；合法权益都有明确的法定内容和范围，而一般住户的合法权益不一定都是必需的，但都应当予以保障。利益占比是一种统计或估测的结果，其中有主观因素的影响，但主要应是客观条件发挥作用；利益公平则是对利益占比现象的一种感

---

① 杜甫，《茅屋为秋风所破歌》。

觉，单纯依据客观条件往往不太可能符合社会公平的道义，因此必须有主观因素的调节作用才能合理兼顾。

与需求条件一样，利益条件也是丰富多样的，例如经济、社会的内容和标准，设施、功能的类型和品质，货币、空间、环境、服务等形式，当然也有空间横向的个人、集体、系统之间的利益协调关系，时间纵向的眼前和近期、中长期的利益兼顾关系。

利益与需求两种条件之间的主要区别是：需求条件主要属于客观存在，城市更新重在挖潜、激发，有程度不等的相关性，然而相比性不强；利益条件属于主观目的，更新工作重在配置及其依法和公正，既有相关性，还有强烈的相比性，不同需求之间发生强烈相比的本质其实也是利益的相比。

3）源点条件

此处所谓"源点"不是空间性的发源地、发源点，而是指城市更新意愿的具有者，包括对更新意愿首倡、发起、参与、跟随或改变等各种最终具有该意愿的直接相关方。以利益和责任这两个在一切更新项目中普遍存在的要素进行分析、区别，如前所述，总体上可分为业主、法定权益人、组织方、实施方等几种主要源点类型，对于不同性质的城市更新行为、更新项目的不同领域，各类源点一般都有自己意愿的条件特点，主要宜对以下三个方面关注研究、区别利用。

（1）责任心方面，高度决定视野

在城市更新中有多种工作岗位或所处位置，各有赋予专属岗位的责任或特定位置的关切。抛开社会修养和专业水平等个人因素，责任本心是相同的，不同在于更新意愿和行为视角的高度。当然所有相关方的各自尽责都必须合法合规、遵章守纪、不违公德，城市更新的目的、目标和组织等责任更要"以人民为中心"。

（2）趋利性方面，角度改变观念

城市更新中的岗位或位置的区别不但给视点高度带来重要影响，而且直接确定了更新视点或行为的角度；角度变了，对利益内涵构成、利害关系及其大小的判断随之而改。对于几类源点趋利性的不同特点，首先要设身处地，想其所想、急其所急，所以城市更新的目标总体上要针对人民群众的急难愁盼解决问题；其次要公开、透明地摆事实、讲道理，加强知情、加深理解；在此基础上，坚持合法性条件，探寻合理性措施，努力使各种合情合理的趋利意愿不同而和。

（3）主导性方面，尺度把握方向

不同源点的意愿各有追求的目标，常常存在明显的区别，甚至背道而驰；各种不同意愿都想得到实现，必然产生意愿源点的主导性问题。能够起到主导作用的因素有多种，如计划性与市场性、经济性与社会性、科学性与可行性等。这些因素的内涵在城市更新中基本上都是相同或者相通、相关的。从唯物的角度理解其本质都是要素，要素的用途和强弱决定主导性的归属，例如指令主导、资金主导、自然或市场规律主导、社会规则主导等。应当关注的是，主导性同时可能会伴随着一定程度的排他性，而社会公平也包括意愿、精神等方面的公平；"差之毫厘，失之千里"就是方向主导问题。意愿源点发挥主导性作用必须把握好适宜的尺度，兼顾其他源点的多样性需求。

4）关系条件

协调城市更新中的各种不同意愿，应当关注处理好一些相互关系，主要例如内外关系、公私关系、比重关系、主客关系等。

（1）内外关系

指内部因素和外部因素之间的关系，内部因素如产权人的意愿、居民的需求、企业的利益考量等，外部因素如市场需求、发展水平、法律法规、城市规划、政策措施等。城市更新意愿的产生是一个复杂的过程，在实践中需要综合考虑这些因素，以制定出科学合理、有效可行的城市更新计划。

（2）公私关系

不言而喻主要是指国家和集体、个人之间的利害关系，或者是城市和更新项目、更新主体之间的利害关系。城市更新中的公私关系可以分为两种类型，一种是比较抽象的公共与具体非公共之间的关系，另一种是集体（包括两个以上主体的更新项目）与个人之间的关系。城市更新中处理公私关系的原则宜是：公共利益优先，保障非公共合法权益；在集体利益中，少数服从多数，兼顾少数，尊重合法权益。例如在住宅加装电梯的更新案例中，都是首先要遵守建筑安全、日照通风标准等国家规定，其次要大多数（各社区都有比例不同的具体要求，多为三分之二或四分之三）相关住户同意；个别不愿加入的住户可以不参与加装费用承担，但也不享受政府的加装补贴，没有电梯使用权，体现了多数优先、兼顾公平、利责相应等原则。

（3）比重关系

指更新利益配置的比例，包括更新获益的总比例和公私获益的大比例、主体获益的具体比例。在对更新意愿进行梳理、整合的阶段，宜粗略评估这种比重关系，其中总比例反映了意愿的效益，涉及更新的合理性；大比例反映意愿的利益性质分布结构，涉及更新的价值导向；具体比例反映意愿的公平状态，涉及更新的公正性。具体比重关系体现在更新的规划中和实施后的配置数额，但蕴含在更新意愿中。在意愿整合的前期阶段合理预测其利益比重影响，有助于使其后的规划和实施等更新行为重点明确、目标恰当、整体顺利。

（4）主客关系

在此处是指城市更新中经常可能产生或遇见的、相关更新主体之间的一种抽象心理关系；其中，具有明显主动性的是主，对方是客。功能作用、空间位置、社会地位或经济角色等物质性具象关系一般比较稳定，而城市更新中的这种主客关系是动态的，并具有相对、互动、可变等特性。

相对性指主与客的角色可随情境或角度的变化而变化，例如给予是主，接受是客，而"接受"同时也给予了"给予"的机会。因此相对性反映了主与客之间的平等关系，协调整合城市更新中的各种意愿，设身处地就能平等相对。

互动性指主体可以通过感知、认知、情感等不同方式影响客体，同时也会受到客体的影响，从而加深相互了解、加强相互理解。主客关系的存在实际上就是一个动态的互动过程。城市更新的意愿沟通阶段和目标决策前阶段的各种主客互动，对于城市更新目标的合理可行和实施的顺利尤其重要。

可变性指主体对同一客体的看法可能会随着时间和条件的变化而发生改变，这意味着主、客体之间的关系是可以调整或者可能改变的。城市更新中，因为特定用地、已定目标、合理期限等条件而产生主客移位甚至换位的现象屡见不鲜，需要留意可变性特点，采用恰当的策略对相关意愿进行整合。

主客关系实际上体现了一种主动性，常规情况下，给予是主动的，求取是被动的。利用好主客关系，首先需要了解对方的需求和关键点，以诚实、专业的服务建立信任，提供信息、资源或帮助等对方所需，把握时机、灵活应变，适时调整沟通策略，保持工作主动，尤应避免因时机不当、策略失误等而出现反主为客的被动局面。

3. 目的、目标和意愿的结合

无论做什么，首先都需要有意愿，为行为提供方向和动力，从而影响决策和行动，不仅定义想要达到的愿景，而且还能够激发实现这些愿景所需的努力和决心。因此，意愿是目的、目标等一切行为背后的方向盘和驱动力。在城市更新行为中，按照其作用性质主要可以分为方向、战略、战术、操作四个意愿层次。

1）方向层意愿

方向层属于意愿的最高层次，通常指向最根本的理想或一种使命，是城市更新行为的核心理由，即该更新为了什么，常体现为城市更新的核心价值观和更新后的长期愿景，为所有其他层次的更新意愿确定总体方向和提供指导原则。城市更新目的就是方向层意愿的综合和逻辑表述，重在往意愿理想方向的推进或更新使命的履行，一般不介意理想意愿的具体实现期限。

2）战略层意愿

基于方向层意愿的导向而制定，旨在实现目的方向上的阶段目标，以更新行为的自身目标或近期目标为主，结合或包括中长期目标。战略层意愿比方向层具体，但仍保持一定的抽象性，主要表述城市更新实现哪些目标内容，一般以功能的属性内容和程度、水平等为主体，依此可以构成目标的指标体系框架。

3）战术层意愿

指为了实现战略层更新意愿而设定的具体目标和计划。城市更新战术层意愿应可计量、可衡量、可考核评价。其内容属性一般可以分为两个部分：一个部分是战略层意愿目标内容的量化，以及程度或水平的概念具体化，与指标体系框架共同组成更新项目指标体系；另一部分是对更新项目指标体系实施的进度和完成时间的计划等安排，为实现战略目标明确具体路线。

上述三个层次的关系宜关注以下特点：

一是三个层次各有任务和重点内容，小型、孤立的更新项目可以层次合并考虑，群组、成片和系统性更新项目宜区分层次，逐层深入。

二是从宏观到微观，范围逐步明朗和确定，内容逐步具体和聚焦，作用逐步可感和可考量。"逐步"的作用是可以及时纠偏，同时避免重要遗漏或技术疏忽。

三是方向层、战略层、战术层三个层面宜及时逆向反馈，形成从方向到指标的"顶天立地"、相互协调和支持的一个整体系统，避免东向西行、虎头蛇尾、相互脱节。

4）操作层意愿

此处不是指实施操作中的意愿，而是指城市更新目的、目标付诸行动的实际意愿，主要包括与实现目的、目标相关的政策和措施。政策的导向和力度、措施的对应和尺度，是检验上述三个层次意愿真实性的试金石、可行性的度量衡。例如，促进社会公平目的如果没有扶助弱势群体的政策措施就是纸上谈兵，改善居住条件的住宅更新目标如果不能实现现代宜居就是叶公好龙，而没有相应资源支撑更新行为的任何良好意愿都只是画饼充饥、望梅止渴。

以上四个层次的意愿主要产生和适用于城市更新的策划、规划和决策阶段，其他还有如实施阶段行为层的各种相关意愿，基本都是与更新目标的制定和实现密切关联的，更新目标的可行性和实施中的可操作性需要考虑这些意愿。

第四章　城市更新选择

　　"选择"在城市更新中无所不在，从宏观层面到微观层面，从规划阶段到实施阶段，都需要作出一系列的选择。本章表述的内容及其顺序就是笔者的一种选择。

　　例如，城市更新目的主要是未来发展方向的愿景，是表明为什么要进行更新、回答"为什么做"的价值观类问题，先选择明确目的有助于确定城市更新的大方向和重点；更新目标则是基于城市发展的整体战略和政策导向来选择、回答"做什么事"的问题；目的和目标及其他相关要素需要相互反馈，在规划过程中不断细化和完善。因为大方向、价值观的相对稳定性和明确性，笔者选择不将"目的选择"纳入本章探讨。

　　再如，更新目标的选择需要考虑经济社会状况及其中长期发展，先行明确目标可以清晰地指导后续的选择过程，使所选更新对象或更新项目能够符合这些目标。更新对象的选择则是在具体操作层面、基于已经确立的目标来进行，通常宜先确定更新目标，然后根据这些目标来选择合适的更新对象。

　　当然这不是一个绝对单向的过程，更新对象的选择还可能受产权人意愿、资金充裕性、技术可行性等多种因素的影响，目标和对象的选择多有可能需要相互反馈。更新对象的质量安全、功能效率、生态环境等问题也已由科学规则、市场规律或政策法规等作出了标准判定，故不需要，或者没有选择。在类似情况下，很可能需要先明确更新对象后再进行更新目标选择，以利于城市更新实施计划既能满足发展目标又能切实可行。

一、城市更新目标选择

选择城市更新目标必须遵循更新目的，在方向愿景指引下，依据更新范围（更新具体范围也需要选择）的相关条件，明确更新要素和标准，选择更新方法，进行目标定位。

1. 目标基本类型

城市更新对象客观状态的多样性、城市更新主体能力和主观意愿的多样性，带来城市更新目标需求的丰富性、复杂性。各种各样的目标按其对城市的作用总体上可以分为三类：局部完善、系统协调、全面提升。三类目标各有所重、密切相关，应当统筹兼顾，并鼓励在实施方法、管理机制等方面，因地制宜、因事制宜地进行恰如其分的创新。

1）局部完善

这种类型是最直接、最切实，也是应用最普遍的目标。通过对具体对象的功能、质量、景观等进行优化提升，以改善提高生活水平、生产能力，是最普遍、最常见的城市更新目标需求。

局部主要指一座建筑物的局部，有时也可指一个功能地块中的某个组成部分。局部完善的更新行为多发自具体产权拥有者，一般活动进行比较适时，时空相对分散，有利于城市的空间、社会等相关网络的正常和日常演进。按照法定原则，更新通常是具体产权人或更新承担者的目标需求和责任，权益关系明确，资金保障渠道简单、可靠。局部更新拥有较大的自由度，可以丰富城市内涵和景观的多样性。此类需求是改善生活的自主意愿和群众利益的直接体现，城市更新应当主动关注、大力支持，同时善加引导、合理规范。

局部完善一般对城市的直接影响不大，但任何系统、全局都是由局部组成的，其与城市相连、相关的要素，特别是与城市交通、市政设施和周边空间布局关系，以及外部景观关系等，都需要更新局部以上层面的统筹协调。

2）系统协调

一般属于间接的目标，先从系统本体角度对于相关局部进行谋划、选择、决策，然后组织或分为若干局部实施；作为直接目标时指系统本级，也包括系统的局部完善与整体关系的协调。对城市更新而言，公共系统主要有交通、市政系统，生态、环境、景观系统等；部门（内部）系统更加多领域、多层次，例如生产领域的行业系统、集团系统，生活领域的服务系统、居住系统，以空间距离半径为组织特征的城市 n 分钟生活圈系统等。

"城市病"基本都是系统病，病因多源于系统自身或者相关系统之间的不协调。类似于中医对人体经络系统"通则不痛，痛则不通"的经典结论。系统协调的城市更新就是针对城市系统中的痛点采取相应措施，促使其"穷则变，变则通，通则久"的过程。

系统是局部的归属、城市的骨架，重在发挥整体协调运行作用。系统协调需要坚持整体效率、效益优先，对全局的协调健康发展起到支撑作用，承担相应责任。系统协调不但要发挥对局部完善进行指导、规范、约束的作用，同时也要兼顾局部权益。

系统本级负责整体的连通、联通和协调，局部负责自身的系统作用到位，在具体城市更新行动中分层落实责任。系统协调类的目标需求对城市更新作用重大，既有系统本级协调的需求，又有进行局部完善时的指导或约束需求，发生概率较高，应当重视关注、审慎对待。

3）全面提升

首先应是发展理念、发展方法的完善提升，从城市更新是新时代经济社会环境的一种发展方式的角度，把城市更新作为城市可持续发展的重要渠道和城市规划建设管理的新型组织平台。

因势利导地转变以新建为主的习惯观念，突破项目点状视野，加强系统网络思维；创新更新技术方法，强化经济效益认知；拓展工程服务概念，拓宽社会服务领域。在具体更新项目组织中，重视关注城市更新的宏观和综合目标、全面和引导目标、原则和控制目标，重在保证更新方向正确，激发整体活力，努力塑造特色，实现城市的全面协调、持续发展。

全面提升的目标，应兼顾城市各层次、条块的特点和意愿，统筹协调形成城市更新需求网络；分析、选择和把握重点，例如城市和局部的特点、系统网络弱点、社会关注焦点、局部民生痛点、重要功能突破点等。

全面提升目标的需求情况和可行条件十分复杂，进行统筹协调重在准确把握好城市的全面状态和发展趋势。筹划更新目标适宜画圈留白——明确刚性限制边界，其他不必过于具体，以便留下实施操作的协调空间；不必也不可能事无巨细一概包揽，应按照法定、规定、专定的权益和责任，抓好全面统筹安排，分层、分工逐步协调落实。

全面提升目标通常宏大高远，完成需时长而期间情况多有变化，宜合理明确弹性范围，以便适时机动、适度调整；实现目标所需投入巨大而所求效益综合，宜分门别类地利益挂钩、责任到位，因地制宜采取适当的政策措施，以吸引、鼓励社会资源和其他相关资源广泛参与。

2.选择依据

城市更新目标的选择依据一般可以分为四个方面。

1）对象条件依据

通过一定程序初步拟定和相关规则、规律已经明确的更新对象主体，如建（构）筑物、建筑群体、建设用地的自身条件，包括物质本体、内在功能、外部形象等；对于物质本体的周边环境条件，主要考虑更新实施、项目整合或相关保护等需求。按照上述条件明确必须或者可以进行更新的内容、要素，并可结合此次暂不需要更新、按照规定必须保护等内容，共同形成对象条件依据。

2）影响关系依据

城市更新基本上都是在一个整体协调平衡的城市系统中进行，对其中不协调、不平衡的"城市病"进行修理、治理，乃至打破现状，产生新的协调平衡。任何局部的变化都必然在系统中产生程度不等、作用不同的影响，更新对象的要素改变应当有利于城市发展的全局，因此更新目标选择应考虑全局关系、服从全局利益，不宜局限于低点、痛点。其中尤应关注系统影响关系中的堵点，例如功能提升、改变与市场结构的关系，人员成分变化与交通方式的关系，建设强度变化与交通流量的关系等。

更新影响关系的依据主要有两个部分：一是已经制定的相关规划，特别是垂直的上位规划；二是在本更新规划过程中，通过深入建筑物内部和面向使用者的调研，作出更加切合具体实际的判断。两个部分各有特点，已经制定的规划具有法定意义，上位规划更有应当服从的权威性；在编的更新规划现势性强，有利于贯彻落实最新发展要求，特别是相对于发展方式转型和城市更新阶段以前编制的规划，在价值导向和政策方向等方面具有明显的优势。过去已经制定的规划一般侧重于宏观和拓展、新建，远期目标较为理想；在编的更新规划多以解决现实问题为基础，更加注重近期目标及其可行性。

在经济社会发展转型阶段，新旧规则的交叉、交替或融合是正常的、合理的普遍现象，但不是与旧告别的辞旧迎新，而是在陈的基础上推理、推导和发展的推陈出新。城市更新的本质就是摒弃过时的东西或成分，引进新生事物和先进思想观念，以达到更新换代、创新发展的目的。更新就意味着变化，更新目标必须"以人民为中心"，对过去适用，但已经不能适应发展新要求的内容及时调整完善，同时在法定依据方面应按规定履行相关程序，坚持更新合法、合法更新，穿新鞋、走新路。

3）政策意愿依据

如果说影响关系主要是横向依据，那么政策意愿就是竖向的依据，包括相关的政策条件和群众意愿。竖向顶天立地重在天地相参而至相通，东地西天的架构只宜用于特定目标的策略导向。

对于与城市更新，尤其更新项目相关的政策和意愿，需要全面了解、准确把握。其中，对政策重在准确理解、正确运用，结合更新需要，按照管理权限积极创新提供政策依据；对群众意愿重在设身处地、正确理解，以谦逊的态度、足够的耐心、恰当的方法进行不同意愿的平等沟通，争取最大限度的整合集聚，以最大的诚意、最广的胸怀、最巧的构思融合最多的合理意愿。

4）相关属性依据

城市更新目标有许多属性，不同属性之间有叠加、互补的，也有矛盾、冲突，甚至可能不相容的，例如经济与社会、公共与个人、效益与利益、公平与竞争、眼前与长远、直接与间接、创新与保护、法定与实际等。统筹相关属性进行目标选择，应坚持更新目的的理想方向和价值的正确导向，扬长避短、效益优先、协调兼顾、公正优先，合法遵规、可行优先。

3.选择标准

标准具有保证质量安全、提高技术兼容、降低生产成本、明确合法范围等多种作用。在城市规划建设领域中，属于基本原理性的标准是稳定不变的，无论对新建还是更新都能适用；如果不是具有普遍意义的最基本的规律就不适合称之为"原理"，而多只是适用于一定情况或条件的原则、方法。因为城市更新区别于新建的特点，进行目标选择也需要根据更新的一些自身标准，或者说需要统筹协调一些内容的原则和方法。

1）更新目标选择的内容标准

与传统的规划新建相比，城市更新目标的选择在经济、社会和技术等方面都存在不同特点，需要予以关注和建立新的标准。

经济方面主要有更新责任、基本效益、利益配置等标准，因为更新目标需要更新责任主体认可，例如住宅加装电梯的目标，得不到足够住户认可就难以实现；没有合理基本效益的更新目标就难以付诸实施，通过市场渠道实施更需要基本利润；利益配置不当的更新目标会给更新的实施带来障碍，甚至很可能因社会矛盾而被改变或取消。

社会方面是城市更新区别于新建的最重要领域和主要困难的实质所在，也是最能体现以人为本、以谁为本的一面镜子。规划建设领域的传统说法如经济技术指标、技术经济论证，都没有

"社会"的明确地位，城市更新需要重点补充完善社会方面的相关标准。社会因素关系复杂、影响广泛，主要有权益责任、底线保障、公正公平、结构稳定、社会织补等标准。

规划建设技术方面，更新目标选择涉及的有基本原理性如安全、功能等评估标准，拆除重建的更新方式基本等同于新建，需要新增的主要是针对"织补"更新方式所带来的各种关系特点，有物体织补、空间织补、功能织补等标准。

2）更新目标选择的系统标准

如同选择依据需要考虑影响关系，选择标准也应当考虑系统影响作用的定性、定向、定位或定量；二者的区别是，依据是从哪里来，标准是到哪里去。

在城市规划建设领域，城市更新的目标主要是空间系统成果的体现，包括传统性的城市、建筑空间，生活、生产空间，公共、私人空间，交通源、流空间等，同时还需要增加对经济空间和社会空间的考量。城市更新目标最终落实到对空间系统及其载体的选择，但应当根据更新目标的具体属性，首先或同时考虑与其他相关系统标准的统筹协调。

可以把主要相关要素分为以下四大系统。

内在功能系统，更新对象的主体功能目标应与系统、全局的功能相协调，以补缺创新、促进发展为上，有机结合、改善提升为佳，不相抵触、无碍大局为限。

支撑设施系统，更新目标以结合发展需求为上，现状不变或微改为佳，能够满足功能更新目标实现后的需求为限。

领域分布系统，对经济、社会、技术等方面，应分而论之、统而用之，更新目标以社会效益为上，经济效益为本，技术可行为限。

服务时间系统，更新的近期目标与中长期发展利益相契合，近期着重解决急难愁盼问题，对城市更新产生积极的启发、激励影响，长远着重把握更新发展方向和布子、奠基、引导等作用。

3）更新目标选择的水平标准

更新目标的水平选择无可回避，不但有经济和技术政策方面的标准，同时因为城市更新的社会性特点，更新目标选择还具有社会发展、文明进步等方面的强烈的政策性和策略性。

"适用、经济、绿色、美观"的建筑总方针，任何城市更新项目都应当贯彻执行。安全是建筑和城市建设的基本要求，是城市更新的目标必须予以保障的标准，留、改、拆等目标选择都要以通过更新能够保障安全为前提。

适用、经济、绿色、美观和安全等标准对于建（构）筑物的基本要求，可以视为城市更新成果目标的达标及格水平。在此基础上，还需要根据更新项目的具体情况和可用资源等条件，统筹考虑使用舒适性与绿色生活方式、品质先进性与绿色低碳、目标理想性与现实可行性等，综合协调进行目标水平选择。

城市更新项目类型繁多，现状条件复杂，具体建设水平通常不易有方便的可比性，可引入一些定义进行目标水平衡量。例如，改善、提升、完善，以程度衡量更新对象自身的目标功能水平；均衡、引导、跨越，以影响衡量更新目标对地域或城市的发展作用水平；平均、领先、创新，以先进性衡量目标技术水平等。

进行更新水平选择应当分类、分等，除了传统新建按照功能和工程技术角度的类别等级，针对城市更新的社会性特点，还需要按照更新责任分类、按照保障政策分等。更新责任主要按照产权归属分类，按照责利相应原则，产权人即是更新责任人；保障公平的更新性质属于产权责任向公共责任的转移。目标水平的选择权应当属于更新责任主体，谁出资谁拿主意，自己请客让别人买单要有合理的原因，得不到出资者认可的目标水平无法实现。保障政策本质上也是一种更新责任，当然也应该由责任承担者统筹城市发展水平和保障能力决定更新目标水平。

更新目标水平选择工作的核心是对"度"的把握，责任与公平、舒适与绿色、品质与低碳、理想与可行等协调关系，主要通过创造性的思维、踏实努力的工作和必不可少的资源投入实现，总体上适宜定位在"跳一跳够得着"的程度。国家也明确要求推广绿色生活方式，"大力倡导简约适度、绿色低碳、文明健康的生活理念和消费方式，将绿色理念和节约要求融入……社会规范，增强全民节约意识、环保意识、生态意识"[①]。超越经济和社会发展水平、缺乏必要资源支撑、过于理想化的目标水平，对于城市更新项目实施是一种应当避免的忌讳，如果不能兑现会影响信誉，勉强实现了也很可能在绿色发展、绿色生活方式和城市整体的社会公平等方面产生副作用。

4. 选择方法

更新目标选择事关更新的方向、效益、成本和公平、绿色等发展政策，在很大程度上影响更新成果的总体作用和水平，甚至更新项目的成败，因此是城市更新的一项战略性核心工作；需要综合考虑更新范围乃至城市的现状要素条件，以及发展需求、社会经济发展环境、居民期望等多种因素。目前普遍采用现状专业评估、意愿公众参与两种基本方法，以及运用大数据、信息化等

---

① 《中共中央 国务院关于加快经济社会发展全面绿色转型的意见》。

科学工具，帮助选择确定城市更新目标。

1）现状专业评估

目前的通行方法是"城市体检"，以整个城区、指定区段或更新地块为检查评估的空间范围，包括建筑状况、生态环境、基础设施、经济社会指标、社区活力、历史文化保护等方面，诊断城市存在的问题、面临的挑战和发展的潜力等。

城市体检的专业评估，首先需要从系统角度了解和识别关键信息，避免体检视角的孤立性、表层化；其次必须按照国家当前的相关要求和导向，结合城市关键信息正确把握评估标准，包括系统标准、健康标准、水平标准等；最后得出评估结论，在领域、方向、对象、问题、程度等多个方面为确定更新目标提供参考和选择。因为工作时间和信息获取等客观条件限制，这种城市体检也与人的健康体检类似，通常只看病、提建议、不开方。

2）公众参与

在城市更新中公众参与已经成为必不可少的普遍性做法，通过问卷调查、公众咨询、专题会议等方式，收集居民对城市更新的意见和期望，以使更新目标等尽量符合最广泛的民意。从实践状况来看，也有一些问题有待改进和解决。

一是参与内容，如何促进更新相关方的信息对称与必要的实施策略相结合，以利于不同观点的相互理解和提高参与积极性。

二是参与效率，包括参与内容及其方式和时机的恰当、参与意见的采纳标准或原则等。

三是参与意愿，主要取决于利害相关性，信息对称性和参与有效性也都能影响参与意愿；结合考虑工作效率，宜重视参与的合理和有效，无须片面强调参与率或数量。

四是参与理性，包括法定责任义务、文明素质等日常宣传教育。城市更新与社会更新、素质更新本为一体。

五是参与制度，宜在普遍实践基础上，建立城市更新公众参与制度，保障和规范城市更新的公众参与权利和行为。

3）四个导向

在现状评估和公众参与等信息、意愿基础上，选择更新目标应当以问题、需求、战略、政策作为主要导向。

（1）问题导向

广义而言，这是做任何事情、采取任何行为的理性逻辑，其必要性、自然性自不待言，关键在于对问题的正确筛选。通常城市更新项目都要解决一系列的问题，总体上包括专业评估、公众参与和更新主体认识三个渠道的组成部分。

问题筛选的原则宜包括两类，第一是需要类，主要包括急难愁盼等迫切问题、必不可少的基础问题，以及事半功倍、水到渠成的一般问题；第二是可行类，例如更新时机和方法恰当等策略问题、影响积极的导向问题、应当推广的示范问题等。总体原则是从应当解决的现状存在问题中，筛选出本次更新可以或者能够解决的问题。

（2）需求（市场）导向

有别于依据现状的问题导向，需求导向应以健康发展为基本目的、以市场动态为基本依据，总体来源也包括专业预测、公众意愿和更新主体判断三个渠道。从功能和政策特点角度，城市更新中的发展需求可以分为生活、产业、社会、环境四类。

生活发展需求内容庞杂，总体可分为个人、集体、公共三个组成部分。按照更新出资责任，属于个人、集体的生活发展需求应由权益人自主选择更新目标，但其所需外部条件必须符合法律、规章和城市规划等相关规定，也应提倡和引导绿色生活方式。

此外，弱势群体的生活发展需求，其中的政府扶助部分从属性上宜归到社会发展需求；采用资金补助方式的宜设定相关条件由受助方（此时是更新资金责任承担方）选择更新目标，其他扶助方式宜由扶助方与受助方共商更新目标。

公共类的生活发展需求主要是相关公共服务配套，也应按照更新出资责任原则，其中基本公共服务需求的更新目标须由政府按照规划确定，其他公共服务需求的更新目标宜由政府进行宏观方向性引导，并提供必要的用地和城市交通、市政设施等相应条件，具体目标内容由市场选择。

产业发展需求是城市发展的基础性需求，没有生产的持续发展，其他需求都难以保障，甚至不会产生。因为产业发展的专业性、行业性、系统性特点，产业和生产发展需求的更新一般不属于城市规划建设行业的直接职责，但是毫无疑问，产业发展更新是城市更新的主要类型之一和重要组成部分。

当前的城市更新实践中，产业发展更新有以下三种主要类型。

一类是在现状产业地段，以企业自身转型升级的需要为先导，以用地功能优化、完善基础设施和容积率调整等措施和政策为产业发展需求服务，通常在产业转型升级中起到必不可少的支持作用。其主要有三个特点。一是必须先有可行的企业转型升级目标计划，相关政策措施才能有针对性，保障更新目标实现；没有企业转型升级计划支持的更新规划只能提供愿景和可能，选择明确的更新目标很可能在实施中需要根据届时的市场需求进行调整。二是因为企业自主程度高，对属于自有产权的现状建筑和设施的承袭利用能够精打细算。三是企业的市场本性和经营能力，更新一般都能够较快地产生效益。因此这种产业更新是最具生命力、竞争力的更新，也是城市首先最需要的更新，典型的成功案例如苏州工业园区医药产业片区的更新。

另一类是在传统生活居住地段，改变原居住功能植入产业。因为一般这种产业更新都面临着分散的产权意愿、公益性的文化保护和社会公平、传统的交通方式以及居民的老龄化、就业技能缺乏、社会结构稳定等诸多复杂条件的牵制，同时也因为功能分区思维惯性、城市规划建设领域的专业知识范围和行业固有观念的局限等影响，目前对植入产业门类的关注面普遍较为狭隘，常过度集中在文化旅游和生活服务领域，且传统低端产业是普遍现象。这些都亟待更新工作者拓宽专业视野、创新规划思路、优化发展观念，更新城市规划建设的知识和技能，扩展参与领域来改进、充实和提升。

还有一类是发展统筹式的产业更新，其中探索最早、实践最多、成效良好的城市是深圳。其有几个重要特点：一是覆盖面广，"四大主要对象是城中村、旧工业区、商业区和旧住宅区，其中最核心的部分是城中村和旧工业区"[1]；二是在政府的宏观引导和调控下，由地产商主导，经济效益得到高度重视，包括了房地产行业的转型升级，从房地产企业角度"本质上是一场跨周期投资"[2]；三是现状保留不多，大部分属于重建式更新。

这种更新模式也需要一些条件：一是城市经历了一段跨越式快速发展期，经济社会的总体提升进步、空间拓展的时序和发展理念、发展要求的更新，使得早先开发建设的某些区块已经整体不能适应发展需求，并显著落后于目前的平均水平，对改变现状

---

① 曲建、罗宇、刘祥，《城市更新理论与操作实践》，中国经济出版社，2018 年。
② 同上。

客观存在着强烈的内部诉求和外部要求；二是当前发展状态提供了进行更新的机遇、资源和能力；三是应当纳入保护范围的历史文化物质遗存很少或者没有；四是要求更新的组织和实施主体有良好的统筹能力、投资能力和系统运作能力。《城市更新理论与操作实践》一书中对此类更新的特点、条件和策略有关于深圳实践和经验的系统性介绍。

社会发展需求，城市更新主要关注的是城市社会成员生活水平的普遍提高，包括与经济发展水平相适应的社会公共服务设施能力和社会保障水平等方面的改善，社会结构的稳定、活力、和谐对物质载体、城市空间的需求，同时要确保城市更新目标符合促进社会公平的发展道义要求，特别是低收入家庭、老年人、残疾人等弱势群体的合理需求。

环境发展需求，包括属于生命线性质的生态系统结构健康完善，公共性的休憩、景观以及集体性的生活、生产等环境的发展更新需求。无论公共环境还是集体环境，其更新需求导向都宜与经济发展水平相适应，同时要处理好两个关系。首先是环境品质，尤其是非绿化的环境要素与绿色生活方式、低碳的关系；其次，绿植的碳汇不代表整体的低碳，绿化也不等同于绿色生活方式，需要综合分析比较绿容量、生态效能和建、管、养全过程的性价比等目标需求的关系。

（3）战略导向

主要考虑两个层次：城市发展战略和更新项目战略。

城市发展战略层次，有经济社会发展规划、城市总体规划等宏观、全局的规划，分析其制定时间、原则导向及其相关内容与城市更新以及最新要求的关系，以明确城市未来发展方向、总体定位和主要目标，例如智慧城市、生态城市、人文城市、创新城市等，作为所有城市更新行为的总体导向。

更新项目战略层次，主要是研究明确相关定位，例如属性方面的保障性、公平性、公益性还是经营性，与更新目标的内容、水平和资金来源直接相关；财务方面有建成目标、建管目标或长期运营目标等，不但涉及更新目标的内容、水平，也是目标实施措施的直接依据。

（4）政策导向

国家和地方关于城市更新以及城乡建设、环境保护、历史文化保护等相关政策，都是城市更新目标选择应当遵循的。城市更新项目基本都会有的内容，例如生态环境保护方面有绿色建筑、节能减排、生态修复、生物多样性保护等，资源高效利用方面有土地节约集约利用、旧建筑改造再利用、建筑垃圾资源化等，都需要遵循可持续发展的原则，推动城市更新与生态文明建设相结合，确保更新目标不违反相关政策。

由于城市更新的多样性、复杂性，一般不太可能有系统、完整的政策来规范全部行为，明确更新目标多需要在政策的框架内、范围中进行选择。"没有区别就没有政策"，利用政策导向，应当注意对"政策""导向"准确理解和正确运用。

对于政策，重在理解政策的目的主旨导向。所谓政策，是基于一定经济社会状态，结合行政管理意愿和目标制定的策略。各个层级、领域的城市更新政策和相关政策都有经济社会条件具体状态的基础，有针对的情况和问题，有适用的范围和适宜的条件，准确理解政策内涵精神才能正确地进行更新目标选择，断章取义地只看表面文字或数据就简单照搬、机械套用，不太容易充分发挥政策主旨导向的积极作用，甚至有可能用错政策或者用错地方。"政策是死的，人是活的"，这句话不是说人可以随意改变或者不执行政策，而是指要对政策内涵在准确理解的基础上正确灵活地运用。

对于导向，重在方向的把握、边界的清晰和引导的力度。城市更新目标选择应当遵循政策主旨的方向，明确政策适用范围的边界，引导的力度则需要结合当地实际和更新项目的具体情况、条件等统筹选择。

因为城市和城市更新的多样性，城市更新政策制定过程中，对于政策管辖范围内的要求，宜保障统一性、区别多样性、兼顾特殊性，使制定的政策利于贯彻、便于执行。

5. 选择定位

进行城市更新目标的选择必定会遵循或内含一些标准，以明确选择的意图和内容，一般考虑拟选目标的作用、属性、结构、指标四个方面的定位。

1）作用定位

作用是目标选择的核心，作用的区别直接影响更新内容和对象的选择，也是选择更新品质、水平乃至更新方式的重要依据。例如，希望起到改善、优化作用的，更新目标主要集中在对象本体，多用修缮、微改方式；希望起到协调、完善作用的，更新目标就需要关注影响范围，多用织补方式；希望起到发展、引领作用的，更新目标则应考虑相关市场和系统、全局的需求，并有可能需要采取拆除重建的更新方式。

进行作用定位不宜就事论事地局限在更新对象的现状或过去，而应以更新对象的自身条件为基础，结合其区位特点、影响范围及其系统或者全局的需求为导向，确保物尽其用，努力争取一物多用、小材大用。

2）属性定位

更新目标的作用有多种属性，例如发展战略或具体行为、关键节点或普遍状态、基础构成或一般部分、功能补缺或数额增量、雪中送炭或锦上添花等。

进行目标的属性定位有利于更新抓住关键、突出重点，协调处理好相关目标的优先序；充分、高效地利用更新资源，在保证更新效果的前提下更加绿色低碳。

3）结构定位

结构是任何事物都具有的内部逻辑，清晰的目标结构有助于理清各种具体目标之间的相互关系，更好地预测和把握更新行为的整体作用和效果。确定城市更新的目标结构主要需在指标体系构建过程中，分层、分类、分级进行目标设置。分层的意义可以理解为纵向的尺度结构定位，例如总体层、领域层、项目层。分类的意义可以理解为横向的功能结构定位，例如总体层表述为"打造宜居、宜业、宜游的功能复合型城市"的更新整体愿景和方向；领域层则根据"宜居、宜业、宜游"需要更新的领域设定具体目标，如生活居住、基础设施、就业环境、旅游服务等更新内容；项目层相应针对具体的更新项目设定详细目标，如生活居住内容的更新目标可能包括住房改善和保障、集体环境和公共环境治理、增加公共空间和健身活动设施、提升社区服务品质等。

结构定位的意义主要在于结构内部横向相关功能关系的匹配和纵向尺度关系的分层重点明确、整体协调一致；其中某个具体内容的有无只是客观反映的形式或主动对应的手段，都需要考虑和不妨碍结构的完整性和功能性。

4）指标定位

指标可以衡量目标作用、评估目标效果，是直接的、可考核的依据。对于城市更新指标设定，其中最为重要的是可实现，包括现状的主客观制约、更新资源条件，特别是更新目标的经济可行性等方面的实现能力；最需要关注的是相关性，更新目标首先应当满足更新对象的功能相关性，也要考虑更新效果的影响相关性，如示范、公平、攀比等，还需要兼顾有可能存在的负面相关性，如目标的品质、档次与碳排放、绿色生活方式的关系等。

二、城市更新对象选择

选择城市更新的对象需要进行多维度的实地考察和系统调研，在此基础上进行综合评估和优先级排序。在城市更新的总体、领域、片区和建筑群体、单体等不同层次，策划、规划和实施等不同阶段，进行更新对象选择所需要的内容和具体程度有各自的任务要求，以及专业门类、技术深度等相关特点的适应性。以最为常见而具体的建筑群体更新为例，城市更新对象选择较为系统、完整的过程一般宜包括以下内容和步骤。

1. 考察要素

城市更新具体领域如经济、社会等的要素各有不同和侧重，生产类的更新要素必须根据更新对象的具体功能和技术特点而定，按照城市规划建设的自身行业特点，考察的基本要素通常包含以下五类。

1）质量要素

包括建筑物整体及其组成部分的质量，从工程科学和安全要求角度考察。

2）功能要素

包括拟更新对象的本体功能和社会功能，从可否继续使用、是否适用、能否适应发展等角度考察。

3）品貌要素

包括整洁、美观、愉悦感、舒适感等可视范畴和心理影响要素，从人文艺术如历史文化、建筑艺术、地方特色等角度考察。

4）标准要素

主要包括住宅、生产设施、市政设施、环境等宜居、宜业条件，从民生底线保障、平均水平、发展活力等角度考察。

5）市场要素

包括住宅户型、物业服务、居民就业等供需关系与渠道，经济社会发展和运行效益、税收效益等，考察宜区分市场、公益、混合等不同性质。

2. 考察内容

主要包括三个部分：拟更新对象的问题状态勘查、更新作用分析、相关人状况调查。

1）问题状态

通过现场调研、收集数据和听取相关人评价，综合进行分析评估，为选择更新对象及其留、改、拼、拆的意向提供基本依据。

（1）问题性质

包括拟更新对象的质量、功能、品相等本体现状问题，道路交通条件、市政基础设施、周边环境、公共服务设施等系统现状问题，城市功能、社会公平等影响问题。弄清问题性质的作用，主要是区分技术领域所属和更新责任所归。

（2）问题程度

可分为两种：自身程度，例如安全、滞后、陈旧，轻微、一般、严重等，以作是否更新、如何更新的判别；相对程度，例如平等与公平、平均与高低、平衡与均衡等，主要用于确定更新优先序。

（3）问题的系统关系

包括拟更新对象的系统地位和作用，功能改变和相关更新对系统的影响，更新改变的时序对系统的影响等，特别需要关注某些改变时序对于更新经济的不同影响效果，主要用于确定更新时序。

2）更新作用

更新目标的实质内容就是希望通过更新起到的作用，因此更新作用分析是选择更新目标时需要认真细致进行的过程，可以把更新的作用分解为领域、影响、属性和获益四个要素进行考量。

（1）作用领域

例如经济、社会、设施、生态、景观等，因为不同领域的专业属性和价值标准各有特点，需要针对具体领域分别采用各自适用的分析方法。

（2）作用影响

主要考虑影响的范围，例如单纯的主体影响、系统功能影响、片区带动影响、全局综合影响等，用于评估实现更新目标所需要的相关性更新，尤应关注城市交通和公共设施、公共服务等配套需求方面。对作用影响的考察直接涉及更新目标的内容完善、项目的总体效能和总成本。

（3）作用属性

例如底线保障、现状补短、局部提升、某种或全面引领等，主要用于更新目标的优先级排序。

（4）作用获益

目前一般只考虑更新项目的直接授益。受益主体对象如个人、集体、公共等，混合受益也宜区分其中不同主体的受益状态或份额，主要涉及更新的公正、公平。受益客体对象如地段、片区、城市等，主要涉及城市发展的需要、空间结构的功能协调和发展机会的均衡。

3）相关人状况

更新目标的受益和责任承担，最终都落实到具体相关人，可以说更新目标的相关人是城市更新服务的直接和主要对象。例如旧居住片区的更新，除了直接可见的生活居住情况，更新主体的经济状况、就业能力，生活习惯、文化特点，更新需要和主观意愿，承担能力和承担意向及其条件等，都是选择更新目标阶段应当考虑或衡量的。此外，更新责任承担方的相关能力对于更新目标的实现也有重要的直接影响，应从实施组织角度予以关注。

3. 综合评估

在对更新范围现状考察、对调研成果进行梳理和必要专题研究的基础上，深入了解更新对象的深层次问题和发展机遇，进行综合评估，一般宜关注以下五个方面。

1）评估方法选择

对拟更新问题进行综合评价和排序，包括定性、定级和量化等不同类型的方法。建筑工程、经济、社会、环境等都有各自领域的评价内容和标准，"工欲善其事必先利其器"，需要针对问题特性选择和创新各自适用的评价方法。现有常用的如层次分析法（AHP）、模糊综合评价法、地理信息系统（GIS）分析等量化评价方法，针对问题程度、发展潜力、实施难度、社会影响等，对拟更新范围进行多维度量化评分。

2）发展潜力

选择更新对象当然应首先根据对象本体条件，为了使更新能够具体利益最大化和起到最佳综合效益作用，还应当研究利用该本体和所在区域的发展潜力。一般重点关注四个方面的内容：对象区域的土地利用价值提升潜力，包括其中的历史文化资源价值与利用潜力；产业转型升级的可能性，以及转型升级所需空间的供应潜力；宜居品质就地提升的必要性、异地提升的合理性和可行性比选，测算其功能性和经济性潜力；生态环境改善的技术可能性与经济性，及其更新总碳测算。

3）相关影响

更新的相关影响属于一种因果关系，是客观必然的，主动做好预估能够使更新对象的选择更加适宜，并避免一些可能后遗症的产生。除了拟更新目标的实现在功能、设施、环境、文化等内容方面相对直观和直接的作用影响，对于经济社会领域的内容，还宜考虑多因素交织的复杂性、更新变化的非线性效应和连锁反应等相互作用、相互依存的影响。同时因为城市更新目标一定是专注于追求正面的、积极的利益，而往往容易忽视或低估潜在的负面效应，因此尤应关注有可能产生的负面影响。

4）政策导向

宏观的目标政策导向是战略性的，总体方向和基本原则都比较明确；在更新项目层面的目标选择中，政策导向的具体重点应是满足项目实施的操作需要。常规情况下，更新的大方向已有上位规划、更新目的等予以明确，目标政策导向宜关注两个主要内容。一是对不同策略进行分析比较，例如经济类的补偿、补贴，社会类的公共或市场的服务配套，资源类的用地、容积率，空间类的面积、环境等。二是对不同程度进行分析比较，例如刚性与弹性、底线与改善、保护与创新、公平与公正等。

5）成本分析比较

更新目标拟选方案是否合理可行，有很多评价角度，但可否采用、能否实现，应从更新经济角度，把成本分析比较作为最终选择的标准。经济角度的合理性，包括更新功能选择，即区位资源利用的合理；留、改、拆、拼、建比例，即现状建筑资源利用的合理；更新水平性价比，即建设技术运用的合理；也应包括与产权、公益和实施等责任相应的更新成本构成的合理。

4. 优先级划分

因为城市更新的复杂性、综合性特点，一般不太可能一次更新解决所有的存在问题或不满意愿，更新目标选择应当划分优先级，以便抓住重点，使有限的资源发挥更大、更好的作用。进行优先级划分宜关注以下两点。

1）坚持正确的价值导向

例如质量安全等紧迫性导向，急难愁盼等基本需求导向，合法合规和政策导向，经济社会发展的系统性、全局性影响导向等，并明确引导原则，制定划分标准。

2）把握恰当的可比性

因为领域的区别、方法的不同、衡量标准或计量单位的差异等，很多目标相互之间没有直接的可比性；经济、社会、环境等效益，公共、集体、个人等利益，都没有固定的合理比例标准，而且往往相互冲突，但需要在同一个优先级系统中排序。应根据综合评价结果，在价值导向下采用合理和有效的方法，使之形成更新目标选择的各种相关人可以接受的比较关系，类似于一种加权系数，以使各相关领域和内容之间形成恰当、适用的可比性。

也可以在同一个领域内进行优先级划分，可比性较好，也方便操作，但最终还是要进行领域之间的优先级比选。例如经济效益与社会效益、环境效益之间，如果没有恰当的量化关系，就有可能产生以小搏大，或者表象正确、实质片面的规划效果或实施结果。

三、城市更新主体选择

城市更新的主体选择，是指对城市更新的整体行为或规划、设计、筹资、建设、运营等各个环节的工作，确定通过何种主体途径进行。选择合适的主体对于确保城市更新项目的顺利实施、高效运作以及社会经济效益最大化至关重要。进行城市更新主体选择一般应当考虑以下几个方面。

1. 更新主体一般特点

参与城市更新的主体有多种，各有其自身属性的主体优势和适宜性的不同特点。

1）政府

在我国的社会主义制度中，政府主体具有最全面的综合性、最强大的主导性、最广泛的公共性、最本质的公益性，拥有强大的政策能力和组织能力。

2）企业

具有最明确的专职性、最本质的营利性，在各种更新主体中拥有最好的专业能力和经营能力。

3）非营利组织

具有最好的公益性，在城市更新中，因其公益性的单纯特点，便于树立起社会信誉而拥有良好的协调性。

4）混合组织

具有最好的针对性，能够最灵活地扬长避短，整合优势，解决问题。

非营利组织和混合组织通常都不是专职性、常态性的更新责任主体，如果需要以其作为某项目或某项内容的更新主体，一般都需对其更新责任作出专门的约定，并明确其更新行为规范。

5）社区

具有最直接的群众性、最方便适用的沟通渠道和最灵活的公众参与方式，在更新项目的策划、规划、设计、施工、运营等各个环节，都可能有利于促进城市更新的多方参与、多元共治、成果共享。

6）主要负责人

更新项目的策划、规划、设计、施工、运营等各个环节中，对应于该环节关键要素的主要负责人，一般都是主体的法定代表人或是专项责任承担者，因其岗位职责的决策、担责特点，在各种主体中都具有独特的关键性作用。

当然也应当关注相关主体的自身属性中的不足，作为主体选择，包括混合组织中的主体选择的依据之一。

2. 更新对象一般特点

更新对象类型五花八门，具体情况千差万别，选择更新主体宜关注其一般都具有的，且有可比性的三个基本属性。

1）功能门类属性

例如居住、商服、办公，建筑、设施、环境，工业、交通、文教卫体等对象所属门类及其各自的特点，是评估更新内容的主要范围、系统关系、优先序和重点、难点的重要参考依据。

2）更新责任属性

主要有两类：一类是国家、集体、个人、混合等不同产权类型，是更新责任判别的法定基本依据；另一类是产权责任、底线保障、社会公平等更新政策属性，其中的产权性和公共性、公益性、经营性等区别直接影响更新任务所需要的主体特点。

3）对象文化属性

例如专门性与专业性、特殊性与普遍性、历史性与现代性、民族性与融合性等，对更新任务的专业性、公共性、公益性以及相关政策要点，能够产生直接的，有时是关键性的影响。

3. 更新目标一般特点

对于更新主体选择，更新目标相关特点也可以分为四个方面。

1）性质内容特点

按更新责任特点区别，总体上可分为以下三类：

产权责任内容，如旧房改造、建筑功能转换、产业转型升级等。

公益责任内容，如公共环境改善、生态修复、绿色基础设施建设等。

公共责任内容，如住房底线保障、土地整理与再开发、片区环境综合整治等。

公共责任与不考量直接经济效益的公益责任有两点区别：一

是公共责任通常也应衡量经济效益，二是某些公共责任是产权责任应尽的义务。一些性质特殊的内容如历史文化保护，在很多情况下是应由产权、公共、公益三种责任通力合作的。

2）更新程度特点

不同更新程度涉及更新内容的区别，从而影响更新主体的适宜性。例如，出新，主要更新内容是建筑和环境，且重在外部形象改善等表层内容；提质，主要更新内容涉及建筑和相关设施，重在更新对象的内涵提升完善；转型升级，可能包括建筑、设施、管理、经营和运行等一系列的更新。更新主体的相关能力需要与具体内容更新的要求相适应。

3）现状置换特点

主要包括功能置换，生产性功能的置换更加需要专门的产业部门承担相关更新责任；物业置换，如改建、扩建、重建、新建等；产权置换，如产权类型调整、产权人变更等，基本都涉及更新主体特点或某种关系的变化。

4）社会网络特点

包括人际关系、业际关系等，需要更新主体具有相应的网络认知、沟通技巧和协调能力。

4. 更新主体选择原则

选择更新主体需要统筹考虑领域特点、专业水平，组织、管理、协调能力，资源筹措能力，以及遵法守纪、公共道德等多方面要素，与更新目标需求、更新对象特点有良好的呼应性，通常关注以下五个方面。

1）权利与责任

法定的权利与责任无须选择，是确定更新主体的主要依据，例如公共性的城市更新组织主体都是政府，具体产权的更新主体都是产权人。更新主体需要选择一般有两种情况。

一种是更新责任转化，即前文所提到的对于产权人属于确实没有经济承担能力的弱势群体，将其更新的产权责任转化为公共责任，按照相关更新政策进行帮扶，具体更新事务由政府等组织主体承担。其中直接领取更新资金补助者仍然应由产权人自主更新，不需要另行选择主体。

另一种是更新责任代行，因为产权人的相关能力不适合，或不愿意担当更新主体，即需要由产权人或组织方另行选择更新相关责任主体。在这种情况下，更新主体和法定、经济责任不变，由委托与受托双方以合同或协议等方式约定安全、环境等实施操作相关责任。典型的例如家庭装修更新，安全、环境责任由施工方负责，产权人承担经费，且仍然负有监督和协调等责任。

2）资源整合能力

城市更新涉及很多资源，对于更新主体，最重要的是对不动产权和更新资金两种资源的整合、筹措能力。对于产权构成复杂的更新项目，通过不动产权的整合形成可实施、实现的意愿有重要的基础性作用，而资金就是更新不可或缺的能源。

3）组织协调能力

此处指社会层面的组织协调能力，主要属于一种社会能力，包括对所有利益相关者的特点及其客观需要的认识能力、主观期望的理解能力，平等协商的精神和沟通协调的技巧，以及公正性、权威性和社会信誉等。

4）更新专业能力

相对于社会能力，此处主要指与城市更新行为直接相关的经济和技术的专业能力。城市更新已经成为一种普遍的经济行为、发展行为，除了需要对规划建设的传统技术能力进行更新，经济方面的相关能力已经成为城市更新中非常重要，也可能是目前最紧迫需要的专业能力。

5）统筹实施能力

这种能力对于大中型和任务特殊的更新项目的主体选择非常重要，需要综合考虑项目属性和特点、相关政策导向，以及资源整合、组织协调、应变、抗风险等多项能力因素，是否能够组织形成协同、高效的更新实施体系。该能力有助于确保更新项目的顺利推进，实现预期目标。

四、城市更新资源整合选择

不同领域、丰富多样的更新资源，在城市更新中需要整合组织，主要可分为两个层面。城市层面的资源整合，首先要预估各个更新单元的性质、政策特点和基本效益可行性等关系，以利于更新资源整体安排的科学合理。更新项目层面的资源整合，主要考虑安全、功能系统以及效益、利益等协调关系。

1. 更新资源主要类型与整合原则

1）主要类型

城市更新的资源类型丰富多样，例如土地、空间、资金、政策、技术，基础设施、公共服务、历史文化、生态环境等。此外，各种生产性专业技术资源、消费性市场资源，相关特色、发展区位等无形资源，还有企业、消费者、居民等客源，都是城市更新可以利用、应当用好的资源。根据在规划建设领域的城市更新直接行为中的作用，可以把各种相关更新资源分为以下四种主要类型。

（1）本体资源

本体是更新的基本对象，如建筑、生产设施、建设用地、产业、文化等，是最基础的更新资源，也是最重要的资源整合内容。

（2）配套资源

通常情况下附着于本体资源，但不可或缺的"三公"设施，主要包括水、电、气等公用设施，日常生活服务和城市交通等公共设施，以及基本性和其他的公益设施。

（3）辅助资源

主要包括可用资金，尤其是项目的前期费用和启动资金，城市更新政策和其他相关政策等。

（4）人力资源

包括更新项目相关领域的经营策划、规划设计、工程技术、管理艺术和相关生产技能等方面，能够满足项目特点、质量和水平要求，促进实施顺利，利于后期经营，保证合理效益的各种团队和人才。

2）整合类型

按照更新资源整合的动机，可以分为以下六类。

（1）利益整合

重在取丰补歉、协调平衡，特别在更新项目层面，应协调大局利益、合理兼顾公平、避免唯利是图。

（2）质量整合

一般有两种情况：一种是本体现状以及施工安全需要，另一种是质以类聚，相同问题整合解决可以提高更新工作效率。

（3）功能整合

主要是通过互补整合使原有不同功能相得益彰，通过协调整合消除原有功能之间的冲突。

（4）关联整合

主要是产业、消费等关系链条整合，以便于合理发挥更新影响作用，充分提高更新的整体效益，相同类型的整合也可以形成规模效应。

（5）操作整合

为了便于更新范围整体高效的安排，利于工程安全和施工环境影响控制，方便实施推进，通常有产权整合和更新实施操作整合两种主要方式。

（6）统筹整合

因物、因地制宜，统筹不同整合类型的适应优势，争取最佳的综合效益。

3）整合原则

进行更新资源整合应当通过经济、社会、技术等多角度的综合评估和不同整合方案的比较，并宜遵从以下基本原则。

（1）大局必需

例如重要、明确的公共利益的功能和空间需要，现行规则规定，如更新对象范围周边不便单独作出安排的边角地块的整合等。

（2）总体有利

如对整合和被整合双方都有利，并不妨碍周边的合法权益和系统的功能关系。如果整合本身行为对一方不利，或者双方利益悬殊，则宜采取相宜的补充措施。

（3）方便操作

资源整合本身就是为了有利于更新行为的一种策略，如果不方便操作就难以成为可行的策略。

（4）公正平等

公正协调、平等协商，有法可依、有章可循部分相对明确，重在目前尚无可依循的部分的利益协调与平等协商。

2. 更新资源整合要点

不同种类更新资源的整合各有应当关注的要点。

1）建筑资源整合要点

此类资源整合主要在更新项目层面进行，一般应关注：建筑产权的复杂性，是否适宜整合和适宜如何整合；工程技术的可行性，是否方便整合；规划规定的支持性，是否能够整合；历史文化的融入性，是否利于整合；不利于整合的限制条件，能否依法依规进行变更；还有更新利益的公正公平、后期运营的效益预期等社会经济效益，能否在整合中得到合理预期保证。

2）土地资源整合要点

此类资源整合一般分为两个层面。

（1）城市层面

整合土地资源宜关注三个要点。

一是统筹规划。在对规划期内城市更新需求计划作出宏观整体安排的基础上，利用土地储备制度，提前储备城市更新所需土地，保障更新项目用地供应。这种整合属于综合效能最高的方式，但应当注意城市的特色多样性、历史文脉的活力延续性和社会网络的合理稳定性等问题。

二是因地制宜。灵活运用功能混合用地、地上地下空间一体综合利用、支持更新经济可行性的合理容积率等土地利用手段，优化城市功能和空间结构，科学提高更新用地价值。其中，利用容积率工具应同时考虑人居环境的宜居性和交通、市政设施配套的经济性。

三是合理鼓励自主实施。按照权益与责任相应原则，宜鼓励近期自有更新需求，并具有相应能力的非公共产权主体的自主更新，相关政策措施应为其自主更新创造必要的条件。自主实施应按照更新的统一规划和进度计划进行，以充分发挥整合效益。

（2）更新项目层面

主要是结合建筑资源及其功能、空间、环境等整合需要，通过征收、收购、置换等方式集中土地使用权，重点整合零散、低效使用的土地，提高土地利用效率。

3）产业资源整合要点

实体经济是经济社会发展的基础和重要支柱，党的二十大再次强调了要坚持把发展经济的着力点放在实体经济上，这是全面建设社会主义现代化国家的重要指导方针。发展是城市更新的目的，支持实体经济发展是更新任务中极为重要的组成部分。

产业资源是实体经济发展的基石，二者相互依存、相互促进，而且产业与其人才的资源关系也是相互依存、相互促进的。在物质性资源中，对于绝大多数城市，产业资源是当前最重要的发展资源，也就应当成为最重要的城市更新资源。

因为产业的门类复杂和专业性、专门性等特点，产业资源整合必须通过相关行业和市场渠道具体进行筹划、组织和实施。对于城市规划建设行业领域，在城市更新中宜关注以下几点。

第一，产业资源整合主要属于生产技术资源和生产、经济、市场等关系的整合，产业的建筑载体、空间、设施等整合应以生产和企业的经济技术发展需求为依据。进行产业资源整合的主体是企业，其他主体应按照法定职责、相关规定积极努力做好服务。

第二，引导更新项目与产业发展相结合，结合城市产业规划整合现有产业资源，促进相关更新项目与产业转型升级互利互动。应结合交通分区、环境保护等要求，注重用地和空间规划的功能合理混合，根据市场需求、结合现代水平，注重提升传统产业，拓宽引入新兴产业，创新培育特色产业等。

第三，培育、集聚产业新资源，合理利用建设用地和城市空间等政策工具，吸引优质企业入驻，特别应注重新型产业引入、新质生产力融入，带动更新区域和城市经济持续发展。

第四，合理预留出现发展生产新机遇的用地和空间资源，除了城市总体必需的和法定的限制条件，宜充分预留用地条件弹性，以适应市场的不可预测性。

4）设施资源整合要点

设施整合内容包括更新区域内各类基础设施，如交通、能源、通信、环保等，实现设施共享、互联互通。与新建相比，设施的更新整合还应考虑以下三点。

第一，在具备相应条件的情况下，合理发挥设施整合的导向作用，对更新地块的功能安排、利用强度等更新目标提出优化调整的反馈建议，力争充分发挥设施整合效益。

第二，优化现有设施布局结构，避免重复建设，同时对过去建设方式中形成的地下空间资源以及相关管线等的分布秩序进行必要的梳理整合。协调相关设施供应能力，重点是交通集疏运、电压、水压等强度供应能力之间的协调关系，以及这些设施的供应能力与用地功能及其强度需要的对应关系，使各类设施都能获得经济合理的使用效率。

第三，结合相关要求和实际条件，统筹安排设施智能化改造，如智慧交通、智慧能源等，提升设施管理水平和服务质量。

除了新建需要的统筹内容，还应统筹考虑建（构）筑物本体在技术方面的剩余合理使用期限，统筹考虑进行智能化改造的成本与获得经济、品质、管理等效益的关系，及其对更新总成本的影响。

5）资金资源整合要点

资金资源整合是十分复杂的专业性、政策性问题，在城市更新中具有专属领域、专门渠道、专业人才、专项任务等资源整合目标需求特点。从城市更新的规划建设角度，可以简单扼要地归纳为两个要点：钱怎么来，钱怎么分。

（1）钱怎么来

总体上这是属于经营运作方面的技术性问题。根据财政和金融政策，合理利用各种资金筹措渠道，如政府资金、社会资本、银行贷款、债券发行、股权融资、保险资金、专项基金等；创新投融资模式，如公私合作（PPP）、资产证券化、政府和社会资本合作基金（SPF）等；设立城市更新专项基金，用于项目前期准备、启动资金、风险补偿等，降低项目融资门槛；通过房地产投资信托（REITs）、项目收益权转让、PPP项目资产证券化等方式，盘活存量资产、拓宽融资渠道等。

城市更新规划也非常需要考虑"钱怎么来"，重点包括两个方面：一是规划相关控制指标的建设经济性，二是规划功能目标实现后的经济效益可靠性、持续性。这两个方面的政策经济性内涵，对更新所需的"钱"是从市场渠道投资来还是公共资源投入来，有直接的、本质性重要影响。

（2）钱怎么分

主要属于政策问题，包括更新责任政策、更新利益配置政策、社会公平责任政策等，核心是对更新成本与更新利润关系的设定，其中有三类成本政策有基础性的影响作用。

一是更新直接成本。因为留、改、拆、拼、建等不同更新方式，及其与更新承袭条件和后期利用运营的契合程度，建筑单方造价有时区别较大，形成更新直接成本中最主要的政策可调节范围。例如一般传统砖木结构的老旧建筑维修出新成本一般达到拆除后原样新建的两倍以上，拆建比与经济成本直接关联。

二是更新社会成本。社会成本有很多方面，例如社区文化、社会关系、迁徙心理、公共服务、就业影响等，历史文化保护也是一种特殊的社会成本。从解决问题所需角度转化为更新费用数额，从利益配置角度，需要与更新责任设计相应的更新成本核算政策。

三是更新项目成本。在没有人为干预的状态下，众多单一产权对象之间能够获得的更新效益基本都有区别，甚至有显著区别。通过更新资源整合，针对更新项目的实际情况配置相应的规划支持政策，可以提高更新项目成本的合理化程度。

从城市更新实践来看，"钱怎么分"在很大程度上决定了钱怎么来，甚至来不来。城市更新项目如果筹集资金困难，通常有两种可能：一是对应城市的经济社会发展状态，某些更新目标，尤其是公平性、公益性等目标超出了当前的公共资源支持能力；二是更新成本和基本利润政策对投资缺乏吸引力，其中在一定程度上也是由于第一种可能的影响。

6）人力资源整合要点

人力资源，关键是人，核心在力；因此人力资源整合的形式是人才、团队等之间的人员整合，实质是知识、技术、理念和经验等方面的能力整合。在经济社会的发展阶段提升、发展方式转型期，发展目标的内容和标准、重点领域及其结构和比重等已经产生了一系列重大变化，并将不断产生新变化、新要求、新标准。发展所需要的知识拓展了，标准提高了，内容变化了，人的观念和能力如果没有相应的变化，就不能适应新时代的发展需求。城市更新中的人力资源整合应着重考虑以下几点。

（1）完善城市更新专业结构

认清城市更新的社会性本质和经济性基础等关键特点，健全完善城市更新领域的专业结构，根据团队发展目标和技术结构基础条件，结合更新市场和项目需求，引进、联合城市更新相关专业人才。对照当前实践需要，尤应关注经济、社会类的专业人才与更新需求整合，重点提升更新项目策划、运营的专业化水平。

（2）重视个人能力建设

织补需要织补师，绣花需要绣娘。在利用、发挥好规划建设领域传统专业优势的基础上，应针对城市更新的基本特点和当前需求，拓宽知识构成、拓展融汇能力，更新传统理念、创新专业能力，完善能力结构、提升从事城市更新工作的应变能力。

（3）强化专职团队建设

建设城市更新专职团队，有利于针对城市更新专门需求和专业特点，集聚相关人才资源开展研究、探索，及时反思反馈、总结经验，建立健全更新技术工作体系，快速提高相关专业技能和工作效率。应广泛利用培训、交流、合作等方式，加强城市更新专业人才培养和专职团队建设，提升城市更新服务能力。

7）政策资源整合要点

对于城市更新，政策资源应发挥必需的保障作用、关键的调节作用和准确的点穴作用，并可以按照宏观趋势要求发挥主动引导作用。政策资源的整合应根据更新对象的具体情况，符合政策适用范围，考虑适宜资源类型和可用量，考量政策效能发挥的预期作用，根据具体需要专门应对，一般宜考虑以下几点。

（1）有机整合

合理利用城市更新的各类相关政策，如土地政策与空间政策、财政政策与底线政策、产业政策与环保政策、政策公正与政策公平等，保持更新的总体正确导向，形成政策统筹合力。

（2）叠加整合

集中利用城市更新专项政策，如各级政府的城市更新专项扶助政策，城市政府的财政补贴、税收优惠、融资支持、土地供应、规划条件等，为更新项目提供良好的政策环境。

（3）区别整合

根据具体更新项目的特点和目标需求，理性设定相关政策的整合目标和预期效果。例如，整合的针对性与有效性、普适性与特殊性，整合服务目标的示范性与公平性、引导性与倒逼性，整合作用的保障性与撬动性、阶段性与稳定性等。

8）管理资源整合要点

此处"管理"指城市更新组织的行政管理，不包括其他领域和角度的管理。行政管理有很多资源，现仅从城市更新规划建设工作角度，分析探讨以下三点。

（1）管理理念更新

城市更新，新在从以新建方式为主向新建与更新两种方式并重的发展阶段变化，新在从物体和空间等以增长性为主的建设目标向经济和社会等发展性为主的综合目标的拓展，新在工程建设方式向更新项目方式的转型。

城市更新是城市发展的一种路径、方法和手段。城市化率已经基本稳定的新加坡和我国香港都设有市区重建局，全面统筹、整体安排现有楼宇的维护修复、保育活化和拆除重建、新建等城市的更新发展工作。

城市更新的需求和影响必将引起从法规规章到工作制度、从更新规划到施工规则、从岗位职责设计到相关专业教育等，整个城市规划建设行业、管理领域的改革和发展。

更新就是变化，管理服务变化，变化依法依规，也必须相应完善法律法规。"以不变应万变"[①]，是指管理服务发展的基本原则和为人民服务的终极目标不变；"天不变，道亦不变"[②]，是指城市发展的路径、方式和规划建设的目标、任务、要求等变化了，城市规划建设和更新的管理之"道"也必须改变，以适应城市规划建设发展形势之"天"。

（2）管理依据整合

管理已经有在过去城市发展条件和形势中逐步建立完善的政策法规、技术标准、相关规划等多种、大量依据。随着国家对城市规划建设治理指导方针的更新，城市发展和规划建设的目标、任务、要求等变化，必须对原有管理依据进行整合协调、优化完善、创新发展，而不能削足适履；在城市更新转型发展阶段，更需要加快整合、边干边整，尽快形成适应城市更新需求的管理依据新体系。

政策法规、技术标准、相关规划三大类管理依据，各有整合渠道和需要整合的内容、适用的方法，宜进行顶层设计、统筹安排、协调协同。总体上应遵循城市更新的自然规律和科学技术规则，针对发展的阶段、方针、内容、要求、标准等系列性变化，适应城市更新基本特点、经济社会发展需要和人民群众向往美好生活的不断追求。

---

① 孙武，《孙子兵法》。
② 班固，《汉书·董仲舒传》。

发展转型阶段的城市更新管理依据整合，需要顺应发展趋势、适应发展需求，避免刻舟求剑、照搬套用已经与新形势、新要求和新标准不符的原有规定；需要实事求是、灵活创新，避免墨守成规、囿于既有的管理理念或方法；需要研究城市更新管理的科学规律，以服务经济社会发展大局、城市全局利益为管理资源整合宗旨，避免本位观念、各自为政。

（3）管理方法整合

每种管理方法都有其特定的适用范围，因为任何方法的设计或形成都是基于一定的条件、目标和资源限制，理解方法的适用范围有助于正确地选择和应用方法。过去形成的管理方法，需要随着城市更新的对象、条件、目标、要求和资源等变化而不断更新完善，城市更新的类型丰富性、关系复杂性理所当然地要求更新管理的方法多样性和策略灵活性。目前更新中常见的两类管理方法的整合，一般需要考虑以下内容。

更新实施项目审批管理整合，主要包括以下三个方面。

一是审批内容精简整合，城市更新中有很多小微更新，适宜甄别列入审批豁免清单、精简审批内容或采用备案方式等。

二是审批标准补充整合，对于城市更新中鼓励优先采用的织补方式，需要对其工程质量安全、新旧结合关系等补充相关标准。

三是审批流程优化整合，针对织补特点，完善"一站式"服务，简化环节、缩短周期，提高审批工作效率。

城市更新公众参与的管理整合，主要包括以下四个方面。

一是参与更新类型整合，重在明确分类，为公众参与对象的范围管理提供基本依据。技术性分类如规划类与实施类，生产类、生活类、设施与环境类，留保类、改拼类与拆建类等；政策性分类如公共类、公益类、产权类与混合类，保障类、改善类与发展类等；策略性分类如利益协调类、集思广益类、吸引资源类等。

二是参与对象整合，为选择参与渠道和方式提供参考，也适宜分类进行整合。例如政策性分类有产权人、利害相关人、公众；技术性分类有各种特定使用人群，经济、技术、文化等对应专业人士以及公众。

三是参与渠道和方式整合，宜对应类别、参与环节和参与人员特点，使法定参与权、知情权得到充分保障，相关意愿和建议能够充分表达，重在渠道方便参与、方式便于表述；除了应当广而周知的内容，应讲究参与实效，不摆花架子。

四是表达内容处理整合，需要梳理分类。例如产权方意愿、相关方意愿与公共性建议，使用方意愿与专业性、公益性意见，合法权益与其他意愿，领域类别或专业门类，以及年龄、教育、职业、更新内容或地域相关性等。

人的复杂性决定了公众的意愿和意见通常都是多样甚至相左的，因此需要明确一般性的采纳标准和特殊性的采纳原则；一般性标准宜以经济技术或社会习俗为依据，特殊性原则不应违反明确的法定原则。对相关意愿和建议应通过合适的渠道、恰当的方式做好善后反馈，以鼓励公众参与的积极性，增强公众对城市更新具体行为的信任感，促进更新项目的顺利推进和成功实施。

五、城市更新方式选择

城市更新的方式是指具体实施的操作方法和技术手段。对建（构）筑物常用的更新方式总体上称为织补方式，其中包括维修

保护、整治改善、功能调整、改造拼合、拆除重建、综合更新等
多种具体方式。这些方式具有不同的更新内容和程度，各自需要
采取相应的技术措施，各有不同的适宜现状条件、适用更新资源
和适应的更新主要目标。独立建（构）筑物的更新多选用一两种
方式即可，建筑群或成片用地范围的更新常常需要采用多种组合
方式。

1. 方式的区别与意义

不同主体内容和现势状态的更新各有其相适应的方式，建
筑群或成片用地范围的更新主要是由若干建（构）筑物的更新组
成，同时必定还有非物质部分的更新，这部分的更新更重要、更
常态！

西方一些城市和街区看似多年不动，但其中的功能转型和转
换已经多次了。物质体的动与不动并不只是考虑历史保护或所谓
记忆，而应当通过工程、经济、社会、文化等综合的性价比评估
而选择决定，主要是看哪种更新方式带来的社会效益和经济效益
的性价比更高、效果更好。

此处仅探讨以建（构）筑物为对象主体的更新方式。

1）基本方式

针对建（构）筑物本体，更新方式通常简称为留、改、拆、
拼、建，分别指五种更新行为，多用以衡量拆建比。综合考虑更
新技术行为和更新结果体现出的行为特征，可以把更新的基本方
式分为五类：留、修、改（含拼）、拆（含建）、保。

（1）留

主要是物体的原物整体存留不动，并无需维修，仅对原有功
能和文化等非物质要素独立地进行优化、调整、更新，其中常需

要同时进行非结构类的室内装潢更新。这种方式主要是产权人或使用者的更新行为，但因其普遍性、经常性和外部影响作用，应将其纳入城市更新的视野。

在所有更新方式中，非物质要素多是程度不等地改变的，单独把建筑主体的"留"作为一种方式，目的是强调非物质要素也是城市更新的主要内容之一，也可以作为更新对象主体，而以物质要素作为辅助。如果对所有物质和非物质要素都不作更新，就是单纯的保留，不属于更新的范围。

（2）修

包括对现状建（构）筑物进行大修、中修、小修等各种程度的维修。按照传统木结构建筑的做法，落架称为大修，按需更换构件，原尺寸一般不变；中修对原物整体留存基本不动，根据现状工程质量可能更换若干构件；小修不涉及结构构件，多是捡漏、补缺、出新行为。现代建筑种类繁多，宜对更新修整程度形成行业标准，提升专业化水平。

（3）改（含拼）

指建筑外部造型、内部空间或结构系统发生改变的行为和结果。主要包括单体的局部或整体改造，以及两个或以上的单体拼合改造等，以功能更新或城市景观为主导目标，原物及其形象、空间随改造的部位和程度的不同，有多种优化改变可能。

（4）拆（含建）

拆作为一种行为是孤立的，但从城市文化意义角度，在更新中通常需要与"建"一体统筹。包括建（构）筑物或者部分单元的整体拆换，原物基本或部分保留；整体拆除后，按原物原样重建，或改为场地；建设用地全部平整新建，可以传承原建筑文脉或完全创新设计等。

"拆"的行为重在依据的科学合理、合法合规，"拆"的意义取决于所拆对象的工程质量状态和对于更新全局和项目整体的经济社会效益目标是否必需，"拆"的作用体现在行为之后的具体方法选择，对"拆"的不同理念和处理技巧可以达成大不相同的更新结果和效果。

（5）保

包括对物质和非物质内容的保护。等级文物的保护由《中华人民共和国文物保护法》管辖，不属于更新范畴；对不属于该法管辖的更新对象的造型景观、历史文化、环境氛围等的保护，在一般情况下，宜以物体保护为基本导向，以文脉保护[①]为基本方法，以功能适用为基本目标。

2）基本意义

"城市更新是当前城市建设中面临的重要任务，蕴藏着巨大的发展潜力。要把改善民生和扩大内需结合起来，加强各方面协同合作，推进规划创新，完善标准规范"[②]。城市更新不等于，或者不只是建筑更新，包括建筑及其功能的更新、产业更新、产权更新、经营权和使用权以及租金的更新等，涵盖建（构）筑物、城市空间和经济、社会、文化等诸多领域。各种更新方式给更新内容和领域带来不同的影响，方式区别的核心要点在于"更新度"。

"过度的开发会影响一个城市的肌理和过去的历史，而过度的保留会影响一个城市的形象以及老百姓的生活质量。……过分的开发是'肤浅'，但是过分的保留是'迂腐'，如何能协调与平

---

① 张泉，《名城八探：关于历史文化名城的探讨》，中国建筑工业出版社，2024 年。

② 邹伟，《李强在参观调研中国建筑科技展时强调着力推进好房子建设 更好满足人民群众高品质居住需求》，人民日报海外版，2024 年 11 月 19 日。

衡这对冤家的确是一门'艺术'"①。这段话简单、形象地体现了城市更新方式的基本意义和作用。

3）基本原则

城市更新方式的正确选择需要遵循一些基本原则，在其指引下研究选择恰当的"更新度"，明确更新方式及其组合的具体应用。一般应当包括三个方面。

一是正确方向原则，遵循国家关于建筑和建设的发展方针，符合"适用、经济、绿色、美观"的要求，促进社会公平等。

二是支持发展原则，按照城市健康可持续的发展要求，呼应生活改善、经济发展、社会进步等方面的时代需求和标准。

三是条件相应原则，例如对工程质量安全、功能适应需要、资源依法保护、项目经济可行、方式总碳绿色等实施条件，进行方式选择应坚持实事求是、切实可行。

2. 更新单元组织

科学合理地进行更新单元组织，有利于城市更新的系统规划、综合协调、优势互补，形成更新项目的规模效应，促进资金筹措和调节经济效益平衡可行，便于对技术和政策分类解决更新中的问题，简化更新方式组织，方便公众和社会参与等。

反之，所有这些"有利于"能否实现，也是进行更新单元组织需要考虑的内容。为了整体有序、稳妥协调地推进城市更新工作，高效提升城市更新的工作效率，精心做好更新单元组织是十分必要的。

---

① 饶及人，《中国的城市规划将逐渐从新建城市走进城市更新——评〈城市更新：城市发展的新里程〉》，2012年。

1）单元类型

单元性质方面，有经济核算、社会结构、功能系统、空间组织、实施组织等多种单元。结合更新对象现状和更新目标，更新单元可以分为多种类型，例如：规模方面的大、中、小型，对象方面的片区、群体、单体，经济方面的市场、公共、公益，社会方面的保障、完善、变革，功能方面的生产、生活、休憩，质量方面的破旧、失修、陈旧，水平方面的一般、示范、引领，品位方面的窗口、特色、一般，时序方面的即时、近期、中期等。

诸多类型各具特点、各有作用，最终都要落实到更新单元的综合空间组织。一般可选择经济、社会和功能、技术中的一两种能够起到决定作用的主要或主体特点作为分类的基本依据，其他类型相关特点作为分类的参考内容。

2）更新单元组织中的相关性

各具特点的更新单元需要各相适宜的组织方法，但也有一些普遍都应考虑的共性因素，例如以下三个相关性。

（1）权益与责任的相关性

主要体现在单元组织的经济、社会内容方面，重点是促进社会公正、公平的单元明确定义，体现了单元组织的合理性。更新法定责任明确，涉及更新主体的行为、获益等权利和经济、安全等责任的公正；社会公平责任明确，如何承担或分担直接影响更新单元的基本效益和利润。

（2）水平与成本的相关性

主要体现在单元组织的物体、功能方面，重点是经济技术方面对于"更新度"的把握，反映了单元组织的可行性。对现状留、改、拆的"更"和对档次、景观、水平的"新"的程度，应考虑单元更新成本与效益的平衡协调。

（3）时序与时机的相关性

主要体现在单元更新时序的划分组织方面，重点是进行单元划分的依据选择，蕴含了单元组织的策略性。更新时序的组织，除了空间和功能组织的合理需要，还宜斟酌比较所应解决问题的迫切程度、解决问题的所需条件、更新区域和城市的相关发展动态，以及如何有利于系列更新的启发、带动和滚动推进等，尤其宜关注分析恰当的解题时机对更新成本和总体效益的影响。

3. 单元的更新方式组合

常用的更新基本方式留、修、改、拆（建）、保等，适用于内容单一的独立建筑或所需更新程度相同的小片地区；组成更新单元一般都具有一定的用地和建筑面积规模，其中多有不同的更新领域和内容及其所需更新的程度，各自需要相宜的更新方式。因此，单元的更新方式通常是因物制宜、因地制宜的不同方式的组合，或者说是某种组合方式。

1）单元划分的指导依据

更新单元或项目的范围和规模，主要有城市更新政策、城市发展全局两个方面的宏观指导依据，以及城市功能和空间组织、社会结构和经济性质分类等具体依据。单元中的各种更新程度及其比重必须实事求是，必要时可以因地制宜进行范围或规模的调整，以便优化单元更新方式，例如拆建比或经济效益等的组合。

2）方式选择的衡量标准

城市更新方式中，"新"是目标和本质，"更"是手段和现象，"方式"重在对应和适宜。单元的更新方式应以能否解决单元的问题为导向，以能否实现单元的更新目标为依据，在此基础上尽可能采用变更最少、花费最省、效益最好的方式。需要找准单元的主要问题和矛盾，分析单元可以或可能发挥的作用以拟定更新目标，估算、比较不同可用更新方式的总体效益和利益配置格局，评估相关制约因素及其应对之策，在此基础上选择明确单元更新组合方式。

3）方式选择的协调关系

主要考虑三个方面的协调关系。一是单元自身效益关系的协调，例如经济比投入、产出，社会要公平、稳定，环境讲生态、环保，景观看美丽、特色，人文讲悠久、真实等。二是系统支撑关系的协调，主要考量交通、市政等城市生命线系统的支撑能力和利用效率。三是单元比较关系的协调，单元的客观条件不可能相同，主动的资源支持也有很多不可比性；应当合理发挥政策和策略的调节作用，提高单元之间的可比均衡性。

总体而言，对城市更新方式进行科学合理的选择，应当全面考量综合效益，保障生态环境效益，协调经济社会效益，在此基础上追求人文景观效益。

六、城市更新策略选择

恰当的策略对于应对复杂局面、提高工作效率和实现预定目标等具有关键作用，经济、社会、技术、文化等多领域融合的城市更新，因其高度的复杂性非常需要讲究策略。城市更新策略一般可以分为更新规划和项目实施两个层面，主要宜关注发展阶段和更新需求、更新角度与更新责任、更新政策工具等选择。

1.发展阶段定位

发展阶段定位是更新规划首先应当考虑的策略。城市更新总体规划需要研究宏观发展环境、动态和趋势，例如产业结构调整和转型升级、城市的发展区位及其区域所处的城镇化阶段、相关市场需求状态等特点。更新项目规划延续总体规划策略精神，同时还应关注项目所在片区、地段的发展和成熟状态等阶段特点，以及可用于更新项目的公共资源等。

研究发展阶段定位主要用于两个方面的策略选择。

1）分清更新需求，用好更新资源

城市处于不断的更新中，需求永无止境；能力也客观存在，但可以用于一定目标的能力、相同能力用于不同目标所能发挥的作用有区别。发展的不同阶段有属于阶段性的各种需求和问题，相应就有需要解决的关键问题、迫切问题、一般问题，必须、适宜或能够达到的更新目标，以及实现目标所能发挥的主要作用。

我国改革开放初期急需恢复国民经济和正常生产秩序的百业待兴阶段，主要强调通过城市更新改造吸引外资，促进经济发展，尚无力顾及生活领域如居住条件的普遍改善。以南京市为例，1986—1987 年，笔者与同事两家男女老幼八口合住一套建筑面积 80 平方米（居住面积 40 平方米）的住宅，已经属于当时的中等居住水平。那时的城市住宅更新基本上还在为人均几个平方米的居住面积而奋斗。

进入 20 世纪 90 年代后的快速发展阶段，随着经济和城市的规模快速增长，面临外资大量涌入寻找最佳发展机会的国内外市场需求，更新目标转向了提升综合竞争力，包括改善城市形象、增强服务功能、提高生活质量等方面；同时也开始关注土地、环境和历史文化等资源保护，努力协调经济发展与可持续发展的关系。

进入新时代阶段的城市更新更加强调文化自信和传承弘扬，

高度重视社会公平、包容和谐和低碳环保、智慧城市等理念，要求以人民为中心，提高人民群众分享国家发展成果的获得感。城市更新目标注重提升生活居住品质，推动空间结构优化和功能完善，实现经济、社会、环境的全面协调，追求城市的高质量发展。

当前正处于进一步深化改革的高质量发展阶段，城市更新面临一些新的阶段特点，例如，鼓励新兴产业、支持新型产业、融入新质生产力等发展要求；2023 年我国常住人口城镇化率66.16%[①]，总体上已经进入城镇化率平稳发展和现代化水平提升阶段；截至 2023 年底，我国城镇人均住房建筑面积超过 40 平方米[②]，已经高于日本、韩国而与欧洲国家基本持平；房地产市场从住宅面积、户型、品质到设备、家具、材料，及其相关企业、行业的全产业链深度调整；以及进入城镇化平稳发展阶段和相关调整改革过程中，公共财政来源和支出的结构组成变化等。

目前阶段的城市更新应当结合这些背景特点，根据城市的实际，对于经济社会发展、招商引资引技引知引智、城市功能、市民生活等各种需要，保底线、补短板，提升现状、引领发展、激发创新等多种目标，从有利于城市的健康可持续发展、有利于促进社会公平等宏观定位角度，分清更新需求的轻重缓急所在，全面高效发挥更新资源的主要作用，充分利用其他积极作用，选择明确更新策略。

2）确定重点领域，明确水平程度

根据对更新需求轻重缓急和高效发挥更新资源作用进行评估的结果，以更新的必达性目标为主要依据，确定更新的重点领

[①] 国务院新闻办公室，国务院政策例行吹风会，2024 年 8 月 2 日。

[②] 国务院新闻办公室，"推动高质量发展"系列主题新闻发布会，2024 年 8 月 23 日。

域，如生产、生活、休憩，经济、社会、环境，设施、功能、空间等，为政策选择提供规划依据；对相关地域、地段、设施、功能等提出更新水平的程度指引，为更新成本评估提供规划参考。

2. 更新角度与更新责任

城市复杂综合体的客观多维度、认识的层次性和发展的动态性、不定性、非线性关系等基本特点，决定了城市更新的多样性和复杂性。对城市更新的需求、优次等评估，以及划分更新责任、明确更新策略等，都是以某个或某种角度为基础进行的。因此，进行城市更新策略选择，必须认清更新主体角度，适应更新主体特点，协调相关角度关系。

1）更新角度

对于更新成果或效果的实现，作用方面有需要、提供、支持等角度，行为方面有组织、承担、操作等角度，属性方面有产权、公共、公益角度等，各自代表了不同的主体。"主体利益交叉、主体责任交叉、相关偏好交叉、期限时空交叉，尤其是客观标准方面的交叉：自然属性和社会需求，自然科学评判和社会科学评价，相关工程专业准则、经济可行和技术进步、观念演变等。普遍存在的交叉关系、评价标准的多种角度，使统筹协调成为城市规划工作的基本特点和重要方法"[1]，也是城市更新角度问题的基本特点和重要方法。

2）更新责任

此处"更新责任"仅指更新费用承担责任，直接影响相关方的经济利益，在一定范围内甚至有可能决定相关主体是否参与、

---

① 张泉，《漫步城市规划》，中国建筑工业出版社，2023年。

更新行为能否继续，这也是最基本、矛盾最尖锐的更新责任。产权的权益和责任依法相应明确，公益责任依法、依规、依俗，也多有比较明确的义务内容范围；而公共责任，特别是公共财政责任，普遍承担需要财力，部分帮扶可能不公；大包大揽有国资流失之虞，小贴小补乏资金带动之力。对于具体更新项目相关主体责任的内容、范围、份额等界定，是当前城市更新中最需要和最重要的策略之一。

3）责任代替

如前所述，"责任代替"仅指更新费用承担责任的代替，不是更新责任的转移或整体代替，更新安全等责任不可代替。责任代替属于维护社会公平的责任，成片的生活居住类更新项目往往可能遇到这个问题。例如低收入人群等弱势群体住房在更新中的底线保障，按照责、权、利相应原则即属于一种责任代替；更新过程中的住户安置、过渡费用等由公共资源负责、各自负责或是实施企业承担，也有可能出现责任代替。如果由实施企业代替，通常只会计入成本，客观上就是由其他购房者承担；考虑到社会公平属于公共责任、公益责任，实际上就是产权人代替公共、公益承担了责任。因此，责任代替既有明确责任和代替主体问题，也有责任份额问题。

3. 更新政策工具选择

城市更新的政策渠道多样，诸如规划、土地、配套、财政、税务、金融、社会等；政策工具的类型例如用地功能、容积率、配套内容和标准、地价、开发权、补贴、减免、投融资等，其形式和内容随着城市更新的功能、条件和作用等需要而不断创新。政策工具的运用需要根据更新项目的具体情况，总体上宜把握好以下四点。

1）原则三公

所有更新政策的内容和执行都应坚持公正、促进公平、行为公开，这也是法制、法治的基本原则。

2）目标三动

"少花钱、多办事"，提高更新政策的效益和效应，一般宜以对城市更新项目和相关资源投入的撬动、带动、启动作用为基本目标，优先发挥市场和社会力量对城市更新的主体作用。

3）重点三补

按照"目标三动"的尺度，更新政策宜重点作用于社会公平补困、经济效益补平、功能关键补缺。

4）责任三位

城市更新政策应尽的公共责任应到位、不缺位、不越位。

七、城市更新实施组织选择

城市更新的实施组织方式多样，需要根据更新项目具体情况进行选择，一般宜考虑以下两个方面。

1. 基本依据

1）法制法治依据

综合性的依据如《中华人民共和国民法典》等，此外主要包括四类：领域性法律类，主要有《中华人民共和国城乡规划法》《中华人民共和国土地管理法》等；行业性规定类，主要有《中华人民共和国城市房地产管理法》《建设工程质量管理条例》《建设工程安全生产管理条例》《建筑业企业资质管理规定》《建设工程勘察设计资质管理规定》等；政策类有国家和地方各级政府关于城市更新的相关文件；规划类有经济社会发展规划、城市更新规划、城市规划、国土空间规划和其他相关规划。

2）责任权利依据

责任、权利是进行城市更新实施组织的基本依据，包括法定权益、法定和规定责任。其中最重要的是法定的产权权益和产权责任，最复杂的是行政管理的权利、责任与产权的权益、责任之间的关系，经常需要在实施组织中进行协调整合。

3）实施需求、条件依据

例如实施的整体推进、齐头并进、梯次推进、自主进行等不同组织方式的需要，交通和环境等影响，建筑结构、管线设施、施工安全等间距要求，产权人的意愿和实施能力等，都是实施组织方式选择需要统筹考虑的。

2.基本组织方式与特点

自发、市场组织、政府组织、自组织是城市更新实施组织的四种基本方式，各有优缺点和适应性，具体方式的选择取决于城市更新项目的实际情况、更新目标以及可利用的资源等因素。

1）自发

指产权人的自主更新，属于法定权利和责任，责权明确；及时性好，更能快速响应实际需求，付诸实施灵活性强；由于是居民或单位等产权所有者或实际使用者（国有资产）自行发起，更新内容往往更加贴近生活和生产的实际需求；更新意愿及偏好集中，更便于形成特色；一般情况下宜首先鼓励采用这种方式。

同时也因为产权人的利益趋向特点，需要关注绿色、环保等政策引导，加强合法、合规管理。根据资金等更新资源因素和知识面、能力等具体情况，应当关注自发更新项目的规模和类型、内容与更新主体的有关能力相适应。

2）市场组织

这是更新实施组织的基本方式，产权人自主实施也可以归为市场组织方式的一种特殊形式。市场更新实施能力资源的广泛性使这种组织方式有多种选择性，因而具有普遍的适应性。

市场逐利性的基本特点，使这种组织方式有良好的经济性，通常具有殚精竭虑的意志和适宜的专业能力；同时也重点需要在公共利益和社会公平等政策导向方面合理协调、妥善把关，在公众参与等方面给予必要的指导和协助。这种方式还可能涉及如公私合营、特许经营权等政策性问题，需要针对性支持解决；其他合法、合规问题属于相关企业的自身责任，纳入常规管理。

3）政府组织

由于政府的本职属性，主导城市更新有详细的规划和综合的目标，能够更好地协调不同利益相关者的需求；便于调动更多资源，包括资金和政策支持；方便形成统一意志，有助于城市风貌的整体性。因此，政府主导宜针对规模大、问题难、缺口多的更新项目；同时应注意避免更新目标过度标准化或创作单调雷同，否则有千篇一律之虞，也可能会导致一些地方特色丧失。

在中国特色社会主义制度条件下，城市更新的政府组织方式具有天然的公共性、最恰当的价值导向、最周全的综合视野和最强大的组织协调能力，便于合理安排生产生活关系、协调效率公平关系，能够引领符合人民根本利益的发展、解决群众急难愁盼的需求，总体上是最适用于更新实施总体把关、攻坚克难、通经点穴的组织方式。

4）自组织

自组织指政府与民间、社会的合作组织方式，根据更新项目具体情况，针对最利于解决问题的需要，结合相关方特性扬长避短，可以实现优势互补、整合；便于多方参与，能够提高更新相关方的参与积极性和主人翁责任感；通过集思广益，更易激发创新思维，得到最佳解决方案。

同时也因为多方、多种类型的主体参与，更新的利益和偏好等协调难度较大，需要标准公认、方式恰当、细节妥善的沟通机制，以整合、集聚积极能量，化解矛盾，避免冲突。

第五章　城市更新要点

在城市更新中，重点比比皆是，焦点屡见不鲜，难点层出不穷；更新工作首先宜用复杂问题简单化的方法找准要点，以利于化解焦点、克服难点、解决重点。现选择提取并分析城市更新中两个方面的要点，一是关于过程要点的"更新要义十定"，二是关于操作要点的"两点一区"。

一、更新要义十定

分析城市更新一般工作过程的需求特点，提取其中的十项要义，包括更新本质二定、更新依据四定、更新策划四定。这十项是最普遍、最基本的要义提取，工作要义需要因事制宜。以下表述顺序是书面逻辑，工作逻辑需要随机应变。

1. 更新本质二定

分析城市更新的本质，既要考虑其客观存在的本质，也要考虑到相关个体的主观认识及其立足点、出发点，有利于更全面地理解城市更新、城市更新行为和城市更新项目。因此，更新本质二定是提出城市更新首先需要明确客观本质的"定义"，明白主观本质的"定位"。

1）定义

就客观本质而言，一切都在运动，万物变动不息，更新就是变化，没有变化何谈新。正确进行定义，可以帮助更新工作者坦然面对更新现象，科学对待更新变化，积极解决更新问题。

城市更新面对自然和人为两种变化，本质是以人为行为抵消自然变化，追求理想变化；城市组成的各种要素、因素，哪些必变、需变、该变，往哪变、变多少、如何变，是城市更新需要解决的问题和必然发生的现象。

进行城市更新的本质就是发展，没有发展、不能发展为何要费钱、费心、费力。抱残守缺、刻舟求剑、削足适履，这类自古以来即众所周知的成语意向，都是规划建设管理服务于城市更新的主观障碍；非理改变、任意而为、随兴即行的做法也是城市更新工作的大忌。

2）定位

此处仅指各种更新参与者对自身角色、角度的定位，对任何事物的认识取决于观察、评估、参与的角度和角色，自身定位贵在自知，准确定位需要知己知彼。

例如对于同一座建筑，有正、侧、背、顶等不同方位的角度，有使用者、所有者、管理者、观赏者等不同身份的角色，还有其观察、评估的责任、视野、能力等的高度，从而得出表面上五花八门，甚至各自相反的"金银盾"式观点，其实都是某种客观、真实的反映。对于城市更新、城市更新行为的认识，有领域、行业、专业、产权等多种角度，还有各自的岗位层级、参与身份等具体角色，对于城市更新项目的理解和看法，当然也是某个角度和角色的认识。

在城镇化和城市进入平稳正常、高质量发展的阶段，城市更新或城市更新项目，作为一种发展方式、一条发展路径、一类组织行动（计划、规划）或一个具体行为，在促进发展和改善生活、社会公正和社会公平等主观目的、客观作用等方面，对其如何认识和理解，取决于如领域、行业、专业、岗位等角度、角色的具体定位。

例如发展生产与改善生活的关系。生产是为了解决生活需求，而生活需求又反过来促进生产的发展；生产活动通常被认为是优先的，没有生产活动提供的物质条件，正常的社会生活就无法维持，生活的提升也依赖于生产提供物质条件的提升。城市更新是否或如何包括生产、产业更新，产业更新的比重和优先度等，都涉及城市更新角度的重要定位。其中，决策者、组织者、管理者等的角度定位尤其重要和关键。

2. 更新依据四定

从逻辑的角度，做任何事情都有依据。例如实践经验、某个理论、调查实证等来源依据，法律规章、技术规范、社会习俗等内容依据，以及表层的具象直觉、深层的抽象推理、横向的比较筛选等方法依据。这些方面的内容都是、都可以作为，或都有可能成为城市更新的依据。以下仅分析城市更新的定段、定用、定性、定责四个重点导向依据。

1）定段

指对于更新对象、项目范围、相关区域所处发展阶段的调查分析和研究确定。例如，更新对象的工程质量退化、功能效率和水平等更新需求程度，更新项目范围的有关衰退程度，相关区域的功能成熟程度等，以作为更新目标的重点导向依据。

定段必须分析比较前段、本段、后段的特点，段之间没有明显或本质性区别就无所谓"段"。例如质量的良好、一般、隐患阶段，功能的活力、适应、淘汰阶段，水平的引领、一般、滞后阶段等。通过分析研究连续性中的关键差异，进行阶段划分，明确更新对象当前阶段的更新目标要点、重点。

定段应当考虑宏观的情景特点和趋势要求，宏观的范围和层次宜与更新对象或范围的影响力目标相适应。例如当下比较时髦的文旅、文创产业植入，除了更新范围的客观条件，还应当考虑影响力意愿范围的消费文化偏好、消费层次等市场需求，以及对消费者、消费额的预期总量，市场容量与市场需求量等。

定段重在正确把握方向，策略贵在出奇制胜。20 世纪 90 年代初笔者在乡村扶贫，主要任务是帮助促进农业生产多种经营，为便于组织技术指导和生产物资扶助，以大蒜、芦笋、特定中草药材为重点内容。其时遇到两三户村民各自另种其他品种，说"凡是大家搞的都卖不出好价钱，前年大蒜头两元一斤，去年大家都种，7 分钱一斤都难卖，结果很多都当垃圾倒了"。"你搞我不搞"是农民的直觉经验和大白话，规划理论则可提炼为"错位发展""错层发展"。

2）定用

此处"用"指"作用"，是更新的预期影响或效果，不是生产、居住、交通等具体"用途"。对于确定的更新对象或项目，从城市系统角度研究比较如保障、改善、提升、发展等可以选择的更新要求，对于经济发展、民生改善、社会进步等分别所能起到的不同作用；保护、演进、创新等可以采取的更新方式，对于历史文化传承弘扬、城市现代活力提升等分别所能起到的不同作用，以选择恰当的预期作用目标，作为更新程度和更新方式的重点导向依据。

3）定性

主要关注更新对象或项目的状态、功能、责任、政策四类属性，是更新水平的重点导向依据。

一是安全、文化、可达等状态属性，涉及更新的技术路线和成本，适用于更新对象本体或更新项目。

二是生产、生活、环境等功能属性，涉及更新预期目标的主次或优先序，也适用于对象本体或更新项目。

三是产权、公共、公益等责任属性，涉及更新成本承担及其能力、意愿的可行性，主要适用于更新对象本体。

四是更新预期目标的经济可行、社会公平、绿色发展等政策属性，主要适用于组织更新项目。

在准确识别四类属性的基础上综合统筹，明确功能内容、责任主体；结合责任主体的意愿和能力，明确更新的档次、水平。对于公共性更新项目，也可以先行明确功能内容和更新档次、水平，再依此选择更新实施责任主体。

4）定责

城市更新有多种责任，例如领导、层级责任，产权、公共责任，企业、社区责任，组织、实施责任，统筹、参与责任，经济、社会责任，规划、设计责任等。一般情况下，城市更新实践中需要重点考虑的是产权责任，该项责任是城市更新最重要的基础性责任，"谁家孩子谁抱走"。产权责任包括社会、环境、文化、安全等责任，而这些责任的履行基本上都需要经济手段支撑，因此其中的核心和最敏感的是经济责任。此处"定责"专指产权经济责任的确定，是更新政策的重点导向依据。

产权经济责任的确定宜坚持两个原则：责、权、利相应原则，安全责任不可代替原则；协调处理好三个焦点，即责任份额、责任代替、增值责任。

责任份额，指在社会、环境、文化等公共性、公益性责任中，产权责任应占的合理份额，其中尤其敏感的是产权的文化责任。典型的例如非等级文物保护单位的建筑物保护更新，因为保护需要额外的甚至是加倍的经济成本，即使不考虑功能适应性因素，在不能从文化保护中获得经济平衡的条件下，产权人和实施企业基本都不愿意承担这个责任。在生产发展较好、生活水平较佳但传统建筑利用渠道受限的村、镇乃至一些城市中，大量传统民居空置而导致自然衰朽加快的现象，事实上反映了明确产权对更新应承担责任的类型和费用合理份额的重要性。

责任代替，是按照一定的规则，由公共、公益代替产权的更新费用承担的部分或全部责任。这种代替是对产权应有责任和现有权益、利益的改变，客观上是一种社会财富的分配行为；既取决于代替能力，也涉及公平手段的效果公平，是城市更新中常用的和十分敏感的策略。

增值责任，主要涉及公共投资引起非公产权增值部分的分配政策。

3. 更新策划四定

"凡事预则立，不预则废"[①]，做好策划工作由于城市更新综合复杂的特性是十分必要的。城市更新规划和设计的"意在笔先"，一般宜首先进行定则、定式、定能、定型等策划。

1）定则

研究明确城市更新主要内容的发展方向、基本原则。面对

---

① 《礼记·中庸》。

一座建筑、一块用地或者一处生产设施等更新对象，可以就事论事地修缮、改善、提升，也可以用作他途或拆除以另行安排；发展与保护、经济与美观、效率与公平等，什么才是该对象最适合的更新主导方向，怎么协调兼顾才是最恰当的，需要慎重比选策划。"是什么"与"怎么做"之间应当还有"为什么"和"做什么"。明确了三个"什么"，以及更新引起的利益调整，生活、生产条件乃至生产方式的变化，就业技能需求和岗位的变化，人口素质和消费特点的变化等，更新的框架结构就能比较清晰，进行"更新度"、更新的档次和水平等选择就能有的放矢。

2）定式

指选择明确对于建（构）筑物单体采取维修、改造、拆除、拼合、重建等更新方式，以及对于建筑群体、地块明确保留、拆除或重建等不同更新方式的比例。在城市更新中，这是个重要且复杂的基本问题，也是几乎所有更新项目都会面临选择的问题。

应按照贯彻落实"适用、经济、绿色、美观"的建筑总方针的要求，结合城市更新的特点，考虑以下几个方面。

一是必须保障安全，无论新建还是更新，总是安全第一。根据建（构）筑物的工程质量现状，可修好则修，无法修只能拆。

二是有利于发展的适用，在城市更新中主要是对现状建（构）筑物及其交通和市政设施、市场和社会网络等，争取最大限度地承袭利用。从"适用"角度，无论单体、群体、地块，都要考虑功能、空间、文化三个方面，包括延用、改用、另作他用。三个方面的统筹，涉及法定规则、价值取向、发展意向，以及三个方面的具体内容在更新项目中的品质和各自所占份额。其中，法定规则和价值取向等容易形成一致，而发展意向和具体品质、份额通常各有千秋，需要结合"经济""绿色"，统筹定义

"适用"。

三是经济，对建筑总方针中"经济"，传统新建一般指建设总费用或建（构）筑物造价方面，城市更新还需要包括，有时甚至主要考量更新后运营的经济。经济是基础，也是城市更新的基础，经济状况不仅决定了是否有能力进行更新，也影响更新的方向和速度。规划城市更新项目必须考虑当地经济水平、发展潜力和更新效益。建（构）筑物更新建设和运营的全过程经济性，首先是"适用"——怎么用才经济，避免大材小用、贵材贱用。具体更新项目中，经济持续发展与社会公正公平、文化传承弘扬的协调兼顾，需要科学的价值导向和发展战略层面的统筹。

四是绿色，建筑总方针的"绿色"主要包括节约能源、地、水和建筑材料等各类资源，减少污染、保护环境，以及健康舒适的使用空间和建筑整个生命周期内的可持续性，从设计、建造、使用到最终拆除都应该遵循可持续发展的原则。

在此总方针指导下，城市更新方式的绿色还应重点关注以下三个方面：一是对建（构）筑物现状，包括拆换的废旧建造材料是否合理地充分利用，二是哪种局部利用方式与拆除重建相比更加绿色，三是哪种方式的全生命周期更加绿色。

评估、衡量标准包括两个方面。一是以碳排放为量化衡量标准，包括对象的更新建设排碳、更新后全生命周期排碳，以及新、旧建筑材料利用等相关社会排碳的总碳排放量。在这个方面，具体更新项目主要考虑更新对象本体的碳排放；城市更新方式、路径等宏观战略则还应统筹考虑城市更新的相关利用中的碳排放转移，体现在不同产业结构、层次之间的社会化生产协作，及其附着的社会碳排放公平等客观需要。二是以生活改善、生产发展为效益衡量标准，现阶段的生产发展、生活水平提高，客观需要一定程度的碳排放，重要的是应当尽量提高排放的利用效率，以最小的排放量争取最佳的排放效益。简言之，就是建设绿色、利用绿色、运行绿色、发展绿色。

结合前述"定位"的认识角度和岗位责任，对具体建（构）筑物的更新"定式"，需要产权的尽责、工程的严谨、经济的核算、建筑的审美、规划的胸怀、管理的视野；对于群体和地块的拆建比例，属于单体方式，或者是地块范围更新方式客观、中性的统计，具体比例高低都应以符合安全和建筑总方针的要求为准则。

3）定能

确定具体更新对象的功能类型，即"适用"于什么，与更新的目的、目标乃至方式、标准、效益等全面直接相关，是城市更新策划中最基本、最重要的问题。更新规划中对建筑功能进行策划，一般都宜统筹考虑以下几个方面的问题。

现状功能，包括历史轨迹、文化特点等，分析该功能与现状衰退、滞后的关系，与更新目的、目标的适应性，尤应关注其水平因素影响。

功能调研，宜包括两个方面：首先是产权人关于现状功能和更新功能的意愿，其次是相关的市场需求。市场需求的范围和内容不可穷尽，应围绕更新目的、目标和更新对象的可能性进行调研，或者只明确禁止类功能，其余留给市场选择。

能力评估，对产权人与其功能意愿和实施能力、拟更新功能的需求条件等，进行相关更新目标实现能力评估。

方案比选，对功能的稳定和拟改变等不同方案，评估其在城市功能系统和交通、社会网络等方面的影响，进行比选。

效益评估，对优选方案进行经济效益评估和可持续性考量；也可以对参选方案进行评估，作为对方案进行优选的参考。

规划协调，初步选定的功能应与上位规划和相关规划、规则进行衔接和必要的协调，确保更新功能的合法、合规及其在系统中的整体性良好。

4）定型

定型包括两个方面：考虑对更新对象载体是否以及如何承袭的功能定型，考虑载体承袭和功能定型的载体形式定型。

对于功能定型，以新建为主的建设方式主要考虑：一定的经济社会发展需求，什么样的空间载体适宜其功能和强度；规定的空间载体、结构、布局，如标准厂房、中小学教室、套型住宅等，适合或可以装什么。而对于更新对象载体是否以及如何承袭的功能定型，城市更新在考虑新建问题的基础上，还要考虑：现有空间载体、结构、布局及其功能、强度，适合什么用途和当前实际需求；对于更新项目中物不适载、载不适物的更新对象，如何进行比选以解决相适、相配、相宜问题。

对于更新对象的载体形式定型，主要属于空间形态和建筑风格等艺术创作问题。城市更新规划阶段应以相关政策法规和岗位职责为依据，明确更新对象应当保护的内容和原则要求，并给更新规划的实施留下合理的市场适应性和设计创作空间。

二、城市更新的"两点一区"

城市更新过程中面临着诸多矛盾，通常需要进行大量的协调工作，宜重点关注更新中的各种交汇点、结合点、协调区。

1. 城市更新的交汇点

指在城市更新过程中，各自不同，但直接相关的领域、目标、利益主体等，发生交汇、产生相互作用的共同关键节点、焦点，一般也是矛盾常发、多发，有时甚至是必发点。这些交汇点基本都是能否实现多元目标协同、更新项目能否成功实施的关键因素，因此也是制定、施行城市更新策略的重点内容。以下分析城市更新中普遍存在的五个基本交汇点。

1）经济建设与社会发展的交汇点

该交汇点可以分为以下三个层次。

（1）价值观的交汇

主要体现在更新经济发展与生态环境保护、更新经济效益与文化保护传承、更新效率与社会公平等方面的优先序选择，其核心本质是更新成本与更新责任的交汇。

协调这个交汇，一般宜有四个部分。一是法定原则，健全、完善、确定相关保护内容和责任；二是规范制度，明确更新成本和更新责任的合理、可行的经济关系；三是各负其责，尽量避免随机性、随意性；四是鼓励公益，在能力范围内促进社会公平、维护社会和谐，是一种应当努力传承、实践的优秀传统。

协调这个交汇，应当使更新目标与发展阶段特点和急难愁盼的客观需求相适应，做必需之"更"，到必达之"新"，抓住关键性的协调内容和范围；更新实施经济行为与市场经济规律相适应，使城市更新的实施具有合理、健康的市场吸引力，成为城镇化和城市现代化的一条可持续发展路径；社会公平与经济基础相适应，妥善处理公平与效率的关系，滚动解决社会发展不平衡问题。

（2）效益的交汇

现代意义上的城市更新，早期多侧重于拆除老旧建筑、改善基础设施、提升城市形象等物理性、技术性、空间性方面，体现了城市的生产力、生活方式、文化习俗和科学技术发展后时代跨越的更新需要。随着诸如社会分异、文化变异等问题的出现，人们开始更多地关注社会维度，尤其是社会公平和包容性。1961年简·雅各布斯的《美国大城市的死与生》一书的出版可以被视为城市更新从技术主义转向更加强调社会性和人文关怀的一个重要标志。当代城市更新的目标更加多元化，不仅是物质、空间环境的改善，也包括提高生活品质、保护历史文化，更加重视促进经济繁荣、社会公平等方面。

这些变化客观反映了更新价值观跟随城市发展阶段特点变化的持续完善，同时也意味着效益的交汇随之增多而愈加复杂。各种效益的交汇总体上可分为两种：一是领域性的效益交汇，如经济效益与社会效益，更新项目的近期经济增长和长期可持续性，城市品质与生活和生产成本，土地增值、税收增长与改善民生、提升公共服务，产业结构调整、技术要求升级与居民就业机会等交汇；二是主体性的更新利益交汇，如企业效益与居民权益、公共利益，历史文化保护与宜居水平提升，住房价格变化背景下的原居民与新居民等不同背景人群之间的交流和融合等。

协调领域效益的交汇，重在统筹、贵在兼顾，总体原则是应保障经济、社会、环境的整体协调，才能实现发展的健康可持续；重视经济的基础性作用，过高的发展成本和过度的超前消费将难以持续。具体操作中，应首先考虑不影响环境，其他宜全局效益优先、兼顾局部效益，关键效益优先、兼顾一般效益，公共效益优先、兼顾非公共效益，大效益优先、兼顾小效益。

协调主体利益的交汇，重在依据的法定公正性、政策的公平性、措施的合理性、操作的公开性和策略的灵活性，重在寻求相关者之间的最佳平衡点。

（3）机制的交汇

经济与社会的效益区别，其本质可以概括为生产与生活的关系、非公共利益与公共利益的关系；经济、社会的效益协调，实际上就是生产机制与生活机制、非公共利益机制与公共利益机制的交汇。

经济效益主要体现在企业或个体的收益，生产方有追求利润最大化、成本最小化等基本特点；社会效益则广泛涵盖对整个社会的积极影响，强调对公众或集体的好处。在全局和长远方面，经济效益和社会效益是相互关联的，良好的经济效益可以为社会效益提供物质基础，而良好的社会效益又能促进经济的持续健康发展，两者相辅相成，应当相互促进。但在一个局部（包括空间、系统、部门、项目等）和短期内，常有可能出现经济效益与社会效益之间的冲突，而在两者之间寻求平衡点是一个复杂的过程，需要多种机制的综合作用，从而产生机制交汇。

在城市更新中，经济效益与社会效益交汇发生的冲突往往源于多种机制性原因。例如，市场机制原因，生产方局部利益与城市全局利益可能存在冲突；组织机制原因，利益相关者之间、实施主体与外部利益相关者之间可能不相一致；文化机制原因，不同文化背景的价值观念差异也可能导致对经济效益和社会效益的不同认识；制度机制原因，因为法律和建章立制的滞后性特点，制度类更新的速度往往延后于经济社会发展和技术进步的进程，城市更新中的一些问题，尤其新出现的问题，难以及时得到针对性较好的法律依据和操作性强的制度规范。

可以认为，经济效益与社会效益交汇的冲突，本质上反映的是企业利益与社会责任之间的矛盾。需要综合运用法律、政策、市场、技术、文化和企业自律等多种手段，改革完善相关机制，促进经济效益和社会效益的协调发展。

协调不同机制的关键在于寻找城市更新的经济利益和社会责任之间的一种平衡状态，能够确保其稳定性和公平性，同时必须具备对社会投资的市场吸引力。如果不具备对社会投资的市场吸引力，城市更新就很可能只能作为以公共资源补短板、促公平的手段，而难以成为经济社会协调持续发展的一条路径。

2）物质空间与社会空间的交汇点

城市的物质空间和社会空间紧密关联，物质空间的功能、档次、品质等任何重大改变都不可避免地影响到社会空间，例如居民成分、就业岗位的变化，生活方式、文化特质的现代融入，社会网络关系的改变等。城市更新一般都以物质空间为基本对象和基础，但同时包含了社会空间，在规划物质空间更新时，考虑这种更新给社会空间带来的变化及其潜在影响是非常重要的。

物质与社会的空间交汇可以抽象理解为物与人的交汇，有一些基本特性宜予关注。

（1）功能性与主体性

物质空间是利用对象——器，社会空间是利用主体——用，二者的关系密不可分，不应本末倒置，"以人为本"在此即是"以用为本"。

（2）稳定性与可塑性

物质空间一旦形成，在其合理生命期中基本不变或不需改变；社会空间的本质是人的行为和意识，具有一定的可塑性。物质空间的更新既要服务于利用者的行为和意识，也要对不合时宜的行为和意识进行恰当的引导，还应考虑更新后的合理稳定期。

（3）互动性与流动性

作为利用对象，物质空间须与利用主体互动，否则没有空间意义；作为利用主体，社会空间中的具体主体可能经常流动变化，其动态是城市活力的反映，城镇化就是一种社会空间的流动。物质空间更新应当考虑其社会空间，特别是网络结构的稳定性，但也需要合理利用社会空间的流动性；过于稳定的社会空间缺乏活力，一成不变的社会空间是不存在的。

（4）象征性与需求性

物质空间往往承载着特定的文化和社会意义，其物理性存在是某些历史记忆的体现，是一种文化的象征；社会空间反映的是社会价值观，会随着社会需求而变化，本质上是社会成员对于有价值的、重要的、应当追求的事物的选择。这是过去的物与现在的人的交汇，对具体交汇问题的协调处理，反映了经济发展阶段的重点、社会文明进步的特点，也是更新价值选择和规划设计能力的体现。

（5）层次性与公平性

物质空间重点关注功能内容配套和等级层次性，相关功能协调，不同级差系统互补；社会空间则更多地要求公平性，尤其是公共利益的公平性，典型的如教育、医疗等公共服务的平等性、便捷性。物质空间在城市更新中通过服务半径和交通措施，结合相关设施的规模效益合理布局；社会空间则依靠更新后的服务管理，各自分工、综合解决层次性和平等性问题。

（6）适应性与包容性

物质空间需要适应科学法则、经济规律、运管规则，社会空间由众多主体、多种个性组成。两种空间交汇更新中，物质空间宜重视灵活性，以适应不同主体需求；社会空间应加强包容性，使众多主体、多种个性能够在同一个空间中和谐共处。

城市更新不仅是物质空间的改造，也是社会空间的重塑，建筑、设施等硬件更新与服务、管理等软件优化需要二者并重、统筹安排，实现城市空间功能与活力的整体提升。

3）历史与未来的交汇点

历史与未来都是时间的不同段落，原本一线、一家，只有连接，没有交汇。所谓交汇，是指不同领域或角度对同一个具体时段及其作用的认识交汇，在城市更新中主要包括文化、社会、经济三个角度的交汇。

（1）三个角度的关系

为便于进行比较区别，从文化、社会和经济的不同角度，看待历史、现在与未来的基本特点，可以简要抽象概括如下：

文化角度特点：做好现在，保护历史，沿续未来。

社会角度特点：立足现在，传承历史，延展未来。

经济角度特点：为了现在，利用历史，奔向未来。

其中，对于现在，"做好"是文化事业的本职，"立足"是社会前进的基础，"为了"是经济发展的本能；对于历史，"保护"强调真实，"传承"需要活力，"利用"趋向价值；对于未来，"沿续"重在本体，"延展"关注宽度，"奔向"专注前方。

城市更新中这三个方面经常相互交织，文化保护为社会传承提供基础，也为经济利用创造条件；社会传承使文化得以延续，同时也推动相关经济活动的发展；经济利用则为文化保护和社会传承提供必要的物质保障。

没有文化繁荣，经济、社会发展是不文明的；无视社会发展，只论文化价值和经济效益，似乎有点类似于古董商所为；缺乏经济支撑，社会、文化无法延续。

总体而言，文化、社会、经济三者之间存在着复杂的互动关系，共同构成了历史在当代和未来社会中的多重角色，形成了各种功能作用。文化、社会和经济角度的交汇应当三足鼎立，形成相互依存、相互促进的良性循环关系，不能顾此失彼。

（2）几种代表性观点

未来总是会来的，物质性历史遗存一旦消失就不可重生，只可能留下文字影像等非物质或原样重建的特殊非物质形式的记忆。因此，历史与未来的交汇总是以物质性历史遗存的保护为基础。对于等级文物保护单位和历史建筑，国家有明确的法律规章性保护规定；在此之外的历史遗存保护实践中，主要有以下三种代表性观点。

应保尽保。以文化角度为主，强调保护，也是采用最普遍的观点，反映了一种积极的态度。"韩信将兵，多多益善"，强调尽量保存一切具有历史文化价值的地上、地下遗存和遗址。这种观念的优点是历史文化遗存有可能得到最大限度的全面保留，但必须关注：保护对象的规模与保护资源，特别是资金能力的交汇；保护对象的规模与城市更新中的其他功能需求，如住房宜居、机动交通等现代需求的交汇；保护对象的规模与相关利用的市场规模的交汇。从实际操作来看，保护越多、越好可能并不总是最优的选择，过多的保护可能会导致资源浪费，在一般性村镇和一些公共财力不强的旅游热点城市中，传统建筑，甚至传统片区中众多空关、成片空置的现象并不鲜见。

择优保护。以社会角度为主，重视传承，主张选择具有"代表性、经典性、稀缺性"[1]的历史文化资源进行重点保护。优点是集中资源保护价值较高的历史文化遗产，有利于高效利用，提高保护工作的效率。难点在于如何"择优"，以及"代表性、经典

---

[1] 张泉，《名城八探：关于历史文化名城的探讨》，中国建筑工业出版社，2024年。

性、稀缺性"的参照系范围。不同空间规模如省、市、县、镇范围的结论可能有很大区别，需要恰当的评估标准和科学合理的评估体系，应以本居民点（城、镇、村）为基本比较范围，加强评估的稳妥性和方便性，为正确进行择优提供依据。

能用尽保。以经济角度为主，关注效益，强调历史文化资源的保护与利用紧密结合、一体统筹，使其服务于现代社会。这种方式的实用性强，通过合理利用使历史文化遗产焕发新的活力，同时带来经济效益，可以增强历史文化保护的吸引力和保护资源的良性循环。这种方式本质上是富有生命力的正确方式，但必须妥善协调、平衡保护与利用的关系，洞察现在利用与将来利用的关系，并确保利用行为不会对历史文化遗产造成不可逆损害。

（3）更新交汇原则

中共中央办公厅、国务院办公厅专门印发了《关于在城乡建设中加强历史文化保护传承的意见》，这是城市更新中处理历史与未来交汇的总体指导原则，其中提出了"坚持价值导向、应保尽保""坚持合理利用、传承发展""坚持以用促保"等重要原则。

前述应保尽保、择优保护、能用尽保三种观点都是以历史文化遗存保护为出发点，城市更新是以"更新"为出发点，两个出发点之间有两个重要区别宜予关注。

首先是对象范围的区别，在城乡规划建设领域中，如果把保护对象分为等级文物、非等级文物、传统文化风貌三个部分，物质历史遗存保护范围则是以等级文物为主体内容，兼顾非等级文物和传统风貌。城市更新不包括等级文物。

其次是由范围区别而产生工作目标的区别，对等级文物应确保真实保护、兼顾有效利用；城市更新对非等级文物和传统风貌则更加关注保护与传承弘扬、利用与发展效益的统筹协调。

根据上述两个区别，城市更新中对于历史与未来的交汇，既要全面考虑，又要有所侧重；应当坚持分类保护的原则，根据等级文物以外历史文化遗产的不同特点和价值，分别采取应保、优保、用保的措施。以"择优保护"为基础，优先保护历史、艺术或科学价值较高的遗产；对于面广量大的一般性遗产，宜按照"能用尽保"的原则，根据实际情况灵活处理；在资金等保护资源条件具备的情况下，参照"应保尽保"原则尽可能多保，应当保护但目前不具备保护条件和能力的应当先予以保留。在保护的基础上，探索相宜的利用方式，合理、有效地发挥其社会、文化和经济价值，让历史文化遗产融入更新地段成为有机组成部分。

4）政府、市场与民众的交汇点

政府、市场、民众是城市更新的三大类主体，在几乎所有城市更新项目中都共同存在，因此这也是最普遍的交汇。如果说，经济建设与社会发展、物质空间与社会空间、历史与未来主要都是更新和发展的观念交汇，那么，政府、市场、民众三类更新主体的交汇则直接体现在利益的交汇。因为不同主体的各自天职或天性，矛盾易发点通常有以下三个方面。

（1）利益内容方面

在城市更新中，政府因其职责而通常关注城市整体和经济社会环境全局利益、重视社会效益、兼顾长期作用；民众则更加关心个人权益、生活环境和公共服务等改善；而市场必然侧重于经济效益和项目投资的回报率。各方利益追求的不同，体现为国家、集体、个人的主体差异，经济、社会、环境的领域差异，更新、发展、稳定的政策差异。政府作为利益的主要配置方，需要协调相关矛盾、平衡各种不同追求。

（2）利益公正方面

主要包括更新资源配置、更新责任承担的公正。更新资源配置如相关公共设施的配套内容、层级结构和合理布局，政策性扶持、补贴在不同地段、更新项目之间和项目内部的公平合理等。更新责任承担如产权、集体、公共的更新责任内容和边界，更新经济责任代替的规则和条件等。其中，公共设施的层级结构和合理布局主要属于技术性问题，通过更新规划等技术手段解决；其他多属于政策性问题，需要健全完善城市更新的法定规则和配套政策，促进公共资源的合理配置，有根有据地用于城市更新的不同领域和主体，避免更新资源被不合理占用或浪费。

（3）利益公平方面

公正强调遵循普适性标准，按照既定规则；公平关注个体差异性，追求结果、效果的平衡，而不是仅仅遵守固定的程序或规则，常有可能需要超越形式平等，以达到实质正义的目的和效果。

城市更新中重点体现在保障弱势群体的合理需求方面，包括保障内容和水平等个人利益、权益的公平，主要是政府与民众两类主体的交汇；也包括保障的经济责任承担的公平，主要是政府与市场两类主体的交汇。

此外，标准化、规模化的更新模式通常更方便组织实施，更便于降低更新成本、提高整体效益和工作效率、实现企业盈利，但在满足更新需求的多样性和促进社会和谐的包容性方面，一般都需要做出更多努力。这种模式涉及更新权益的公平，属于城市更新组织方（包括政府、实施企业）和相关民众之间的交汇。

解决城市更新中利益主体之间的交汇矛盾，需要建立完善相关制度，包括开放的公众参与机制、平等的沟通协商机制、透明的依法决策机制；以相关法律制度保障，协调兼顾、妥善处理各相关方的利益诉求，及时化解可能出现的利益冲突。

5）政策与规划的交汇点

城市更新的政策与规划都出自同一类主体，都具有应当执行和实施的法定地位。一般而言，规划重在明确更新内容，政策重在明确更新规则，二者应是互为补充、协调一致、相互促进的。因其自身特点和具体出处，产生交汇一般有三个原因：时间、角度、层级。

（1）时间原因

包括长期与短期、制定时间的先后。城市更新政策有着眼于长远可持续发展的，也有针对当前的，例如某些示范政策；城市更新规划有全局性的中长期规划，更多的是马上实施或近年将实施的具体更新项目规划。

制定规划都要依据现行政策，而在较长的规划期限中，相关政策很有可能进行调整或产生较大变化。

（2）角度原因

包括整体与局部、导向与需求、不同领域等，都是制定与执行的角度交汇。城市更新的规划目标通常依据相关政策和整体需求，项目实施中因局部利益、资金筹措、执行能力等原因，有可能导致规划目标的调整从而产生与政策依据的交汇。

政策倾向于引导公益性强、社会效益高的发展方向，而市场遵循经济效益最大化原则；政策引导关注普遍性、一般性，而实施常有特殊性、多样性。更新项目规划既要依据政策，也要目标切实可行，需要协调政策与需求的交汇。

领域交汇在城市更新的政策和规划中也普遍存在。领域的基本特点、职责范围、评价标准、目标内容等一般都有较大不同，否则也就无所谓领域。各个领域的相关要求都要落实在同一个具体的城市空间和载体，如同城市管理综合执法，城市更新急需明确定义、地位，科学构建更新相关领域的整体协同关系。

（3）层级原因

包括宏观与微观、全局与局部。城市更新政策一般具有普遍性，更新项目规划通常面对具体性、特殊性；更新政策为了鼓励和引导市场预期需要保持一定的稳定性，更新规划为了应对具体环境和满足社会需求适宜具有一定的灵活性，两者之间的平衡较难把握。当前更新实施中经常采用项目政策、一事一策等做法，优点是灵活适用，但也可能在与其他相关项目、事例之间的平衡中留下隐患。

2. 城市更新的结合点

城市更新的结合点来自于交汇点。对于交汇点，不干预或者不适当干预就可能成为矛盾点，甚至冲突点，选择切入点采取适当措施，取长补短、扬长避短，组合有利要素、化解不利因素，就能形成不同目标的结合点。寻求良好的结合点，对于确保城市更新的系统性、协调性和有效性至关重要。

寻求城市更新的结合点，需要分析交汇特点及其相关性，选择更新的要素、目标、策略之间有相互联系及可能相互支撑的关键联结点；弄清差异性，对相关要素、目标、策略等之间的区别宜了然于胸；关注敏感性，对结合方的各自切盼、痛点应感同身受；促进连通性，连而不通、结而不和就是个死结而不能形成结合点，并尽可能通畅、拓宽，以点促面；保障发展性，结合而不符合发展要求就失去了结合点的积极意义。

1）经济效益与社会效益的结合点

城市更新通常伴随着土地价值提升和经济效益产生，但同时要注重经济与社会协调发展，结合点内容主要包括合理的土地增值收益分配机制、保障性住房政策、公共服务规划等。结合的核心实质，是更新效益的领域配置和经济利益的主体分配，以下一些特点宜予关注。

（1）结合效益

这种结合的关键是效益的结合，不是工作的结合、领域的混合；双方都有效益才有结合，一方没有效益就没有结合，或不属于结合；两方效益比的差距与结合的难度成正相关关系，当然就与和谐度成负相关关系。

（2）三个重点

这种结合的重点一般宜包括三个方面：

第一是经济发展与公共服务、社会文明进步的结合，良好的结合才能保障经济社会协调发展。

第二是企业利益与公共利益的结合，只顾企业利益轻视公共利益是影响最广泛的社会不公，而企业得不到合理的利益就不会参与，或者无法持续。

第三是更新效益与社会公平的结合，对弱势群体保护利益、扶持发展，促进社会公平和谐，是现代文明社会应当具备的公共道德，也是城市更新的职责和目标的重要组成部分，企业利益、公共利益都有促进社会公平的各自义务或责任。

（3）分类结合

策划和推进这种结合需要对更新项目的性质、作用等进行政策分类，例如发展性、改善性、保障性，生产类、生活类、环境类，公益性、公共性、产权性等，以适应城市更新的多样性。

城市更新作用定位既要关注补破修旧利废、维护社会公平，或者完善设施、美化环境等生活性、公益性、保障性领域，更要重视生产性、发展性领域，整体全面统筹，构建和不断完善城市更新的经济社会政策体系。

2）空间功能与社会功能的结合点

在城市空间的更新中实现物质空间与社会空间的有效结合，需要深刻理解人的行为模式、社会文明和文化的特点、社会发展趋势等多个方面。综合考虑这些因素，创造更加宜居、充满活力的城市环境，适宜考虑以下四个结合。

（1）器用结合

城市更新规划和设计应以使用者，特别是日常使用者为本，把适用放在首位，综合考虑建筑功能和社会功能，统筹健美的物质空间和健康的社会空间的一体和谐关系，增强城市空间活力。

（2）社会结合

加强社会空间更新的公众参与，让社区成员和利害相关人成为城市空间更新过程中的设计和决策的参与者，以利于提供切实的社会需求和期望，作为物质空间更新规划设计的依据和条件，促进节点性与均好性结合、形象性与适用性结合、时代性与保障性结合。

（3）学科结合

物质空间与社会空间结合更新的科学内涵，需要根据项目内容需求和特点，灵活、有效地组织相关学科合作。对于物质空间规划建设，城市规划和建筑工程类学科基本承担了全部规划建设工作；对于物质空间与社会空间的结合更新，还应当合理发挥社会科学类，尤其是社会学和经济学等相关学科的积极作用。

（4）包容结合

"包"是将分别具有不同特点、特质等多样性的个体或群体纳入到同一个系统或环境中。在城市更新中，强调开放性，允许存在差异，不排斥任何特定的群体或个人，确保公平的机会。

"容"指不仅允许存在差异，而且积极地去理解和尊重这些差异，俗话所谓"大肚能容"。重在促进超越表面差异，形成相互理解和支持帮助的社会氛围，寻求共同点和互补结合点。

"包"与"容"存在着紧密联系而又有所区分的关系，理想的包容性社会应当同时具备这两个方面的能力——能够广泛接纳，可使宾至如归。城市空间更新尤应重视经济的多样性与社会的包容性，支持多元经济活动，提供多样化的就业机会，确保不同社会群体都能从更新发展中受益。

3）保护与发展的结合点

如前所说，"历史与未来都是时间的不同段落，原本一线、一家"。城市更新中历史与未来的结合点，纵向坐标是在文脉的"一线、一家"，确保"线段"、延续"一家"与争取"一线"贯通相结合；横向坐标是在历史的价值和今天的利用相结合，没有历史、从零开始就不是更新，而是创新，没有今天的有效更新就没有通向未来的坦途。

城市更新中保护与发展的结合，其实质就是处理好历史与未来的交会。一在功能结合，做好价值利用、古为今用；二在时间链接，保护阶段特点、古今传承；三在空间结合，效果可视可感、古今交相辉映。

4）国家、集体与个人的结合点

这种结合是不同性质利益主体的结合，对于城市更新实施和更新目标实现是必不可少的结合，也是最本质、最复杂和最具挑战性的更新工作内容之一。

复杂主要体现在更新目标结合方面。政府目标的综合性、市场目标的经济性、公众目标的权益性和多样性，交汇于同一个更新项目乃至建筑，理想目标是多方结合、各得其所。责任与权益对应的公正性、社会文明进步的公平性、保持城市更新健康持续的经济性、社会空间的包容性，适宜作为解决更新目标三方结合的基本原则。

挑战主要体现在过程结合方面。在城市更新全过程的共同参与中，随时可能面对不同诉求、特殊问题、尖锐矛盾和各种个性，有时需要随机做出应对，应对失当就可能激化矛盾、增加结合难度，对于促进结合的能力是一种挑战。

难度主要体现在利益结合方面。利益结合是本质性的结合，协调兼顾相关各方利益是城市更新主体结合的根本目标，如果利益结合不好，其他结合就基本难以达成。相关法律规章如土地利用和使用的政策、规则，建筑和环境的技术规范等，是利益结合的协调依据，同时这些规定也有可能限制某些更新诉求或增加更新的实施成本。

因此政府、市场与民众结合是城市更新中最核心、最具挑战性的结合点，它要求各方具备自觉的守法意识、设身处地的胸怀、诚恳的合作精神、灵活的调整能力，应及时加强沟通、提高政策透明度和规划包容性，以凝聚形成城市更新的最佳结合力。

5）宏观与微观、长期与即时——时空结合点

从自身制定特点、内容特性角度来分析，城市更新的政策与规划都出自同一类主体，都具有法定地位；而因为制定时间的先后、管辖时间的长短、制定与执行的角度，以及宏观与微观、全局与局部的不同层级等交汇，发生交叉属于自相矛盾，因此这个

结合有其独特的要点和难点。

（1）城市更新的政策与规划结合宜关注两个要点

一是分工合理性，二者在作用和内容方面各有侧重。政策以一辖众，规划以众从一[①]；政策侧重方向，规划重在落地；政策侧重划圈，规划需要点穴。政策作为规划的依据，主要服务于规划的普遍性，应当为该政策管辖的所有规划明确方向、提供支持；规划执行并细化落实政策的要求，同时要以现状为依据，服务于该规划的具体性、特殊性；既要保证规划目标与政策目标的一致性，又要争取创造多样性，避免千城一面。规划的实施需要精准的政策，因此城市更新中也常用"一事一策"的策略，以在合理范围内加强政策的针对性。

二是自身协调性，政策或规划的各自目标和要求宜与自身所属的宏观、微观或全局、局部的层级特点相协调，避免政策和规划之间以及系列政策之间和相关规划之间的职责缺位、职能错位、职权越位。

（2）政策与规划结合宜关注两个难点

一是灵活性。除了一事一策的精准政策、即时实施的小型规划，政策和规划多有较长的执行和实施期，需要具备一定的灵活性，以适应不断变化的发展环境、社会需求和发展进步的要求。必须在法制和法治的框架内，通过建立完善科学评估和调整制度，及时获得和利用好灵活性。而在一般情况下，由于政策法规的滞后性、规划的超前性的先天性特点，"及时"不易把握，需要实事求是的精神和科学的方法、担当的胸怀。

---

① 政策以一辖众，指以同一个明确且一致的政策来指导所有相关方，包括政府机构、开发商、社区居民等的行为；规划以众从一，指具体的规划和项目需要根据区域特点、社区需求等而有所差异，但所有规划都应当遵循并服务于统一的政策目标。

二是可操作性。政策在其管辖的全部范围应普遍可执行，规划也需要具体可行，能够指导实施和作为实施依据。城市更新政策的可操作性，重在如何适应发展阶段、发展水平等实际情况，特别是发展条件的多样性；城市更新规划的可操作性，重在如何适应更新项目的经济与社会、诉求与资源、相关实施能力等多样性，政策和规划两个多样性的结合是可操作性最复杂的难点。

因此，对于城市更新的政策与规划结合，宜区别政策和规划两个系统，厘清相关结合的路径和方法：

时间结合，长期、短期分别对应，长期把握方向，短期安排进程。

空间结合，宏观、微观分别对应，宏观把握幅度，微观校准尺度。

领域结合，领域相关内容综合统筹，领域各自内容之间协调。

执行结合，应保障利害相关者共同参与，进行政策与规划的协调梳理，针对结合的障碍进行专门评估，并完善相关调整及监督机制。

城市更新中的政策与规划结合既是一门科学也是一门艺术，更新政策制定工作、更新规划编制和实施工作，不仅需要具备专业知识和技术能力，还需要具有敏锐的社会洞察力和相称的沟通协调技巧。

3.城市更新的协调区

解决交汇需要结合，形成结合需要协调。因为领域、主体、层次、角度等各种多样性、关联性，在城市更新中，经济与社会发展、更新资源配置、空间规划与土地利用、基础设施与公共服务配套、建筑风貌与建筑文脉、更新相关方与利害关系人等各个方面，需要协调的问题普遍存在。各种各样问题的属性内涵可以分为三类，包括问题相关领域的规律、规则，各自角度的认识、利益，相互关系的有机、机制。

客观规律不可改变，认识也不能取代诉求，因此协调的核心内容是规则和利益，重点在利益共享、资源配置方面化解矛盾、避免冲突，形成有机共存机制，达成合作共赢目标。

相关一方退出或完全听从、服从另一方是协调的一种结果，但不属于协调区概念。城市更新的协调区，是指在城市更新过程中，保证不同更新项目、不同利益主体、不同规划要素之间能够化解矛盾、避免冲突，可以共同认可、相互配合的协调作用范围。

因为城市更新协调的多样性、具体性和复杂性，下面仅从字面含义"咬文嚼字"，对"协调区"的内涵作抽象分析。

1）调（tiáo）

"调"字打头的词组很多，从城市更新角度，可有三种理解。

（1）协调认识、氛围

调解，各方充分表达意见，找出矛盾焦点及其原因，解释制约条件，讲明相关界限。

调频，引导、促进相关方汇聚到能够有效解决问题的频道上来，频道不对难以沟通。

调谐，文明礼貌表达，理性、和谐的气氛有利于相互理解、缩小认识差距。

（2）协调规则、利益

相关领域规则、相关方利益是协调必须解决的重点问题。规则都应正常遵守，但如遇更新项目有特殊要求，或者规则本身的时效性不强等情况，则宜把相关内容纳入协调区范围。

　　调整已不适应现势发展需要的规则，并通过实践**调试**，形成新规则。

　　调换或取消不符合合理规则的更新目标，**调配**利益构成内容。

　　调剂利益分配数量或比重，相关方利益协调，应在法定和更新政策框架内。

　　（3）协调共识结合点

　　达成共识的结合点，一般情况下相关方同意即可，但也需要遵循一些相关的原则和标准。例如信息透明、过程公开，权利平等、机会均等，不违反相关政策法规，不以牺牲其他方利益为代价。有时就需要：

　　调控引导结合的方向，**调节**进行结合的点位，以确保结合的有效性、合法性、公平性。

　　2）协

　　"协"的繁体字"協"由"十"和"劦"（xié）两部分组成，这个组合有其特定的含义。如同十全十美、十分完美等，"十"作为某些字的部首，表示完整、完美或达到某种程度；在"協"中，"十"象征着程度，意味着全面、完整的合作。"劦"，三个"力"字的组合形象地表达了众人共同努力的意思。"十"与"劦"结合的"協"字，显然表达出通过多方力量（多个"力"，简化汉字可以理解为"办"用两个点代表另两个力）共同达成一个完整、统一的目标（"十"所象征的完整、完美），反映了中国传统文化中对团队合作和集体努力价值的认可。

　　在协调区中，"协"的要义在于相互理解、互谅互让、合作共赢，不是简单的利益交换、讨价还价，而是通过平等**协商**达到齐心**协力**，通过互相**协助**、共同**协作**达到目标**协同**。

3）区

"区"是一种范围，如地理、行政、功能、政策等方面的区域空间范围，但城市更新中的"协调区"不是指地理性、物质性空间，而是一种概念性范围。

虽然是概念性范围，但既然称为"区"，也就有概念的边界、中心、节点、轴线等空间类属性。其中，相关政策、法规、规则是"区"的边界，协调不可越界；矛盾交汇点、理性结合点是"区"的中心，也是协调的工作中心、引导中心；矛盾焦点、结合突破点是"区"中的节点，当然是协调工作重点；轴线是"区"的结构——城市更新协调发展的引导方向。

"协调区"是城市更新项目实施中最复杂、最重要的工作内容之一。复杂在"区"的范围边界、"调"的策略技巧，关键在于相关理念之间的"度"。

例如，项目的作用理念、维修改善与促进发展的度，并直接关系到方式理念——保护修旧与拆除重建的度；领域理念，规划建设与经济社会的度，并直接影响到专业理念——城市空间与社会空间的度；政策理念，权利权益与更新责任的度，并直接反映了道德理念——社会公平与公正的度。

"度"的正确把握和良好协同，需要对城市更新内涵的深入理解、作用的全面认识和实践的不断探索。

城市更新不只是修旧补破、改善生活、促进公平，而且是促进产业转型升级和新质生产力融入，提升人民群众生活水平和文明水平，促进经济社会及其空间载体和载体空间的全面提升、系统优化的发展行为，是城市持续发展的战略、路径和方法，其发展转型期则是城市演进的一场时代变革。

　　城市更新项目应从经济社会发展评估和前期策划开始，根据拟更新地段的发展区位特点，统筹城市全局和相关系统的需要，研究明确更新的范围、内容、任务和政策原则，作为更新项目规划启动的依据。

　　城市更新不等同于建筑更新，其行为过程不只始于现状建筑质量调查止于竣工验收，而应是贯穿于前期策划、规划、设计、实施、运行（运营）的全过程，是在循环往复、不断完善提升的动态过程中的一段。

　　城市更新需要织补方法、绣花功夫，也要量体裁衣、飞针走线，更要高瞻远瞩、统筹兼顾。经济效益与社会进步、物质空间与非物质文化、修复与重建、权益与责任、公正与公平……发展与保护更新中诸多需要统筹兼顾的要求，展现出城市更新工作的广阔前景。

　　城市更新已经开始，并逐步成长为城市发展的主要领域，必将带来城市规划建设事业发展进步的辉煌前程！

参考文献

[1] 于今. 城市更新：城市发展中的新里程 [M]. 北京：国家行政学院出版社，2011.

[2] 曲建，罗宇，刘祥. 城市更新理论与操作实践 [M]. 北京：中国经济出版社，2018.

[3] 张泉. 漫步城市规划 [M]. 北京：中国建筑工业出版社，2023.

[4] 张泉. 名城八探：关于历史文化名城的探讨 [M]. 北京：中国建筑工业出版社，2024.

[5] 赵燕菁. 城市更新的财务策略 [M]. 北京：中国建筑工业出版社，2023.

[6] 亨利·列斐伏尔. 空间的生产 [M]. 刘怀玉，等译. 北京：商务印书馆，2021.

后　记

　　笔者近年来参与了一些城市更新的考察调研、交流研讨和咨询活动，常遇耳目一新，也颇多谜团疑问，深感自己对城市更新的工作之新颖、经验之时效、知识之贫乏，需要认真的探索、反思和补充、更新、拓展。

　　在从事城市规划建设管理工作的过往实践基础上，结合对比当前的社会实践，对"城市更新"这个时代性的工作对象进行学习和思索，梳理心得、遂成此书，不揣浅陋、抛砖引玉，不当之处、可作标靶，意图为城市规划建设管理事业的发展尽绵薄之力。

　　前言中的"写不烦琐碎之文"，因书中有关表述似有重复之嫌，但自觉表述的对象有别、角度各异、重点不同。既然城市更新需要"绣花功夫"，忝以苏州双面绣作比：同一根丝线的颜色在不同的光照条件下会给人以颜色深浅变化的感觉，设计图案和布线需要统筹双面观赏两个方向的和谐统一。城市更新也是如此，即使同一个要素或因素，其所在位置、不同角度都可能存在各自的细节或截然不同的表现和作用。

　　书名取"解析"，主旨为本书的目的是对城市更新工作进行基础性的解构分析，同时希望业界广泛地开展更加专门的剖析、深入的分析，正确审时度势、坚决革故鼎新，促进城市规划建设管理事业自身不断完善和发展进步，为新时代发展的新内涵、新要求、新标准可持续地做好优质服务。

本书改进十稿而成。其中，苏州市施嘉泓副市长、南京大学丁沃沃教授分别给予了非常宝贵的指教，特此表示诚挚谢意。